焊接实训

主　编　李宏策　陈平华　卢香利

北京理工大学出版社
BEIJING INSTITUTE OF TECHNOLOGY PRESS

图书在版编目（CIP）数据

焊接实训 / 李宏策，陈平华，卢香利主编. – – 北京：
北京理工大学出版社，2021.8
　　ISBN 978 – 7 – 5763 – 0269 – 1

　　Ⅰ. ①焊… Ⅱ. ①李… ②陈… ③卢… Ⅲ. ①焊接 –
职业教育 – 教材 Ⅳ. ①TG4

　　中国版本图书馆 CIP 数据核字（2021）第 178279 号

出版发行 / 北京理工大学出版社有限责任公司
社　　址 / 北京市海淀区中关村南大街 5 号
邮　　编 / 100081
电　　话 / （010）68914775（总编室）
　　　　　　（010）82562903（教材售后服务热线）
　　　　　　（010）68944723（其他图书服务热线）
网　　址 / http：//www.bitpress.com.cn
经　　销 / 全国各地新华书店
印　　刷 / 三河市天利华印刷装订有限公司
开　　本 / 787 毫米 × 1092 毫米　1/16
印　　张 / 13.25　　　　　　　　　　　　　　责任编辑 / 张鑫星
字　　数 / 311 千字　　　　　　　　　　　　　文案编辑 / 张鑫星
版　　次 / 2021 年 8 月第 1 版　2021 年 8 月第 1 次印刷　　责任校对 / 周瑞红
定　　价 / 69.00 元　　　　　　　　　　　　　责任印制 / 李志强

前　言

　　焊接实训是焊接技术与自动化专业和其他相关专业学生重要的实践教学环节，本书主要包括焊接实训基础知识、焊条电弧焊、CO_2气体保护焊、钨极氩弧焊、埋弧焊及生产实际中的典型应用案例。各专业可根据专业特点、岗位要求及当地产业对人才的需求确定实训项目和实训时间安排。

　　本教材开发团队经验丰富，由学校骨干5人、企业骨干2人联合开发，团队成员教授1人，副高职称2人，荣获全国技术能手1人，省级技术能手2人，团队成员建有省级技能大师工作室2个。

　　本教材在编写过程中主要体现了以下特色：

　　（1）以焊接技术与自动化专业国家教学标准、人才培养规格与培养方案、国家职业标准为依据，按学生认知规律、由浅入深、循序渐进地编写内容，在训练任务中穿插了"师傅提示"，编入了高技能人才多年总结的焊接绝招。重点突出对学生动手操作能力、技能技巧的培养。

　　（2）教材内容对接"特殊焊接技术职业技能等级证书"初级、中级证书相关内容，实现了书证融通，以满足教、学、考证合一的需要。

　　（3）校企"双元"开发产教融合教材，引入企业典型真实案例8个，注重学生就业需求，注重社会经济发展和产业结构多元化对学生职业岗位的变化，以实现实际操作技能和职业能力、岗位适用能力培养为目标。

　　（4）职教特色鲜明，新形态一体化资源丰富。

　　（5）串接工匠故事，融入课程思政。在强调安全教育、团队合作的同时，还穿插了工匠故事，通过"技术能手""世界技能大赛"获奖选手的故事，激发学生对焊接技术技能的学习激情，感悟工匠精神、技术革新等做人做事的道理，达到教书育人的目的。

　　在编写过程中，本书参考了同类教材、其他相关的手册、网络资源等，得到了参编企业和学校的支持，特别是开展现代学徒制以来，楚天科技股份有限公司积极支持本书的编写工作，在此表示由衷的感谢。由于编写作者水平有限，书中难免有错误及缺点，恳请读者批评指正，以便修订加以补充完善。

编　者

目　录

模块一　走进焊接实训

面向机械制造行业，针对焊接操作员、焊接工艺设计员等工作岗位，按照"1＋X"《特殊焊接技术职业技能等级标准》《轨道交通装备焊接职业技能等级标准》中级职业技能等级要求，本模块讲述焊接的概念、分类；焊接安全操作规程；焊接安全用电知识；特殊焊接技术职业技能等级证书；焊接防火防爆知识；焊接接口和坡口、焊缝等焊接实训基本知识，为后面焊接实训做准备。

本模块主要内容包括：

掌握焊接安全用电知识；熟悉焊接防火防爆知识；知道焊接接口和坡口、焊缝；了解焊接实训基础知识。

任务1－1　焊接实训概述

任务描述

本任务讲述焊接概念、焊接安全操作规程、安全用电、焊接防火防爆知识及特殊焊接职业技能等级证书。通过本节学习，以小组为单位，对本地区焊接操作员岗位能力、素质、人才需求、职业技能等级证书要求进行调研，撰写调研报告。

学习目标

（1）了解焊接的概念、分类。

（2）理解为什么要严格遵守焊接安全操作规程。

（3）知道焊接安全用电知识。

（4）知道焊接防火防爆知识。

（5）了解特殊焊接职业技能等级证书。

相关知识

一、焊接的概念及分类

1. 焊接的概念

焊接是通过加热或加压，或两者并用，或不用填充材料，使工件达到原子间结合的一种加工方法。在生产中，焊接主要用于金属材料的连接，也可以连接塑料、玻璃、陶瓷等非金属材料。

2. 焊接方法的分类

依据焊接的原理、热源种类及母材金属所处的状态不同，可把焊接方法分成熔化焊、压力焊和钎焊三大类。

1）熔化焊

将两个焊件的连接部位加热至熔化状态，加入（或不加入）填充材料，在不加压力的情况下完成焊接的方法称为熔化焊。常见的气焊、焊条电弧焊、钨极氩弧焊、气体保护焊、埋弧焊、电渣焊、等离子弧焊等均属于熔化焊。图 1-1-1 所示为手工电弧焊示意图，图 1-1-2 所示为钨极氩弧焊示意图，图 1-1-3 所示为 CO_2 气体保护焊示意图，图 1-1-4 所示为埋弧焊示意图。

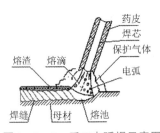

图 1-1-1　手工电弧焊示意图

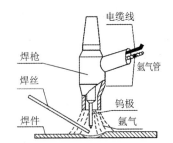

图 1-1-2　钨极氩弧焊示意图

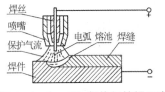

图 1-1-3　CO_2 气体保护焊示意图

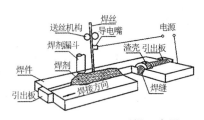

图 1-1-4　埋弧焊示意图

2）压力焊

焊接时施加一定压力而完成焊接的方法称为压力焊。这种焊接方法有两种形式，一是将被焊金属接触部位加热至塑性状态或局部熔化状态，然后施加一定压力，使金属原子间相互结合形成牢固的焊接接头，如锻焊、接触焊、摩擦焊和气压焊等；二是不加热，仅在被焊金属接触面上施加足够大的压力，借助于压力所引起的塑性变形，使原子间相互接近而获得牢固的压挤接头，如冷压焊、爆炸焊等。

3）钎焊

钎焊是焊件在不熔化的状态下，将熔点较低的钎料金属加热至熔化状态，使之填充到焊件的间隙中，与被焊金属相互扩散，达到金属间结合的焊接方法。钎焊按使用的钎料不同分为锡焊、铜焊、银焊等，按加热方式不同分为火焰钎焊、烙铁钎焊、炉中钎焊和高频钎焊等，按焊接时加热温度的高低分为软钎焊和硬钎焊两种。软钎焊是用熔点低于450℃的钎料（铅、锡合金为主）进行焊接，接头强度较低，如烙铁钎焊。硬钎焊是用熔点高于450℃的钎料（铜、银、镍合金为主）进行焊接，接头强度较高，如火焰钎焊。

以上三种焊接方法中熔化焊应用最广泛。

二、焊接安全操作规程

为了确保焊接实训安全与教学质量，每位同学必须严格遵守以下焊接安全操作规程：

（1）焊接场地禁止堆放易燃、易爆物品，并准备有消防器材，同时保证足够的照明和通风。

（2）工作前必须穿戴好劳保用品，操作时所有工作人员必须戴好防护眼镜或面罩。

（3）仰面焊接时，应扣紧衣领，扎紧袖口，戴好防火帽；在有人的地方焊接，应设立挡弧光板。

（4）禁止在已刷油漆或喷涂过颜料的容器内焊接；在潮湿场地工作时，应当站在铺有绝缘物品的地方，并且穿好绝缘服和劳保皮鞋。

（5）电焊机接零（地）线及电焊工作回路线都不准搭在易燃、易爆物上，也不准接在管道和机床上；工作回路线应绝缘良好，机壳接地必须符合安全规定。

（6）电焊机的屏护装置必须完善，焊钳把与导线连接处不得裸露，二次线接头必须牢固。

（7）在 2 m 及以上的高处作业，应当遵守高处作业的安全操作规程。

（8）遵守《气瓶安全监察规程》有关规定，不得擅自更改气瓶的钢印和颜色标记；严禁用温度超过 40℃ 的热源对气瓶加热；瓶内气体不得用尽，必须留有剩余压力，永久气体气瓶的剩余压力不小于 0.05 MPa；气瓶立着放时，应采取防止倾倒措施。

（9）工作前，应先排放氧气数分钟，再进行气焊、气割操作。

（10）遇有氧气突然停气的情况发生时，应立即关闭乙炔氧气阀门。停止工作时，必须关闭所有阀门。

（11）工作结束时，应切断电源，灭绝火种，检查焊接现场有无异常情况、有无安全隐患，同时做好环境卫生，做到文明生产。

三、焊接安全用电

弧焊电源是电弧焊的供电设备，在使用过程中要注意操作安全，避免发生人身触电事故；同时，要保证焊机的正常运行，防止焊机损坏。为了正确地使用焊机，保证人身安全与设备正常运行，必须懂得以下安全用电知识。

1. 焊机安全用电规则

（1）焊机的接线和安装应由专门的电工负责，焊工不应私自安装。

（2）焊工合上或拉起刀开关时，头部不要正对电闸，防止因短路造成电火花烧伤面部。

（3）当焊钳和焊件短路时，不得启动焊机，以免启动电流过大烧坏焊机。暂停工作时不准将焊钳直接搁在焊件和焊机上。

（4）应按照焊机的额定焊接电流和负载持续率来使用，不要使焊机因过载而损坏。

（5）保持焊接电缆与焊机接线柱接触良好，螺母要拧紧。

（6）焊机移动时不应受剧烈振动，特别是硅整流焊机更忌振动，以免影响其工作性能。

（7）要保持焊机的清洁，特别是硅整流焊机，应定期用干燥的压缩空气吹净内部的灰尘。

（8）当焊机发生故障时，应立即将焊机的电源切断，然后及时进行检查和修理。

（9）工作完毕或临时离开工作场地时必须及时拉（切）断焊机的电源。

2. 电流对人体的危害与造成触电的因素

1）电流对人体的危害

电流对人体的危害有电击、电伤和电磁场生理伤害三种类型。

（1）电击：是指电流通过人体内部，造成破坏心脏、肺部或神经系统的后果，也就是通常所说的"触电"。

（2）电伤：是指接通电流加热焊件或人体外部的火星飞溅到皮肤上所引起的烧伤。

（3）电磁场生理伤害：是指在高频电磁场作用下，引起人头晕、乏力、记忆力衰退、失眠多梦等神经系统的症状。

2）造成触电的因素

造成触电的因素较多，主要跟流经人体的电流强度、通电时间、电流通过人体的途径、电流的频率和人体的健康状况等有关。

（1）流经人体的电流强度：电流引起人的心室颤动是电击致死的主要原因。电流越大，则引起心室颤动所需时间越短，致命危险越大。

（2）通电时间：电流通过人体的时间越长，则危险性越大。人的心脏每收缩扩张一次，中间约有 0.1 s 间歇，这段时间心脏对电流最敏感。若触电时间超过 1 s，肯定会与心脏最敏感的间隙重合，这样就增加了危险。

（3）电流通过人体的途径：通过人体的心脏、肺部或中枢神经系统的电流越大，危险越大，因此，人体从左手到右脚的触电事故最危险。

（4）电流的频率：目前施工中使用的工频交流电是对人体最危险的频率。

（5）人体的健康状况：人体的健康状况不同，对触电的敏感程度也不同。

特别提醒：凡患有心脏病、肺病和神经系统疾病的人，触电伤害的程度都比较严重，因此，一般不允许有这类疾病的人从事电焊作业。

3. 焊接作业用电特点

不同的焊接方法对焊接电源的电压、电流等参数要求不同。目前我国生产的焊条电弧焊机的空载电压限制在 90 V 以下，工作电压为 25 ~ 40 V；自动电弧焊机的空载电压为 70 ~ 90 V；电渣焊机的空载电压为 40 ~ 65 V；氩弧焊、CO_2 气体保护焊的空载电压为 65 V 左右；等离子切割电源的空载电压高达 300 ~ 450 V。但所有焊接电源的输入电压均为 220/380 V，工频为 50 Hz 的交流电，因此，触电的危险是比较大的。

4. 焊接操作触电原因

焊接操作时造成触电的原因，包括直接触电和间接触电。

1) 直接触电

有以下情况经常造成直接触电发生：

（1）更换焊条、电极和焊接过程中，焊工的手或身体接触到焊条、电焊钳或焊枪的带电部分，而脚或身体其他部位与大地或焊件间无绝缘防护，此时，如果焊工在金属容器、管道、锅炉、船舱或金属结构内部施工，或当人体大量出汗，或在阴雨天或潮湿地方进行焊接作业时，特别容易发生直接触电事故。

（2）在接线、调节焊接电流或移动焊接设备时，易发生直接触电事故。

（3）在登高焊接时，如果碰上低压线路或靠近高压电源时，易引起直接触电事故。

2) 间接触电

（1）焊接设备的绝缘烧损、振动或机械损伤，使绝缘损坏部位碰到机壳，而人体碰到机壳引起触电。

（2）焊机的火线和零线接错，使外壳带电。

（3）焊接操作时，人体碰上了绝缘破损的电缆、胶木电闸带电部分等引起触电。

5. 安全用电其他注意事项

（1）焊工必须穿胶鞋，戴皮手套。目前我国使用的劳保用鞋、皮手套，偶然接触 220 V 或 380 V 电压时，还不致造成严重后果。

（2）焊工在拉合电闸或接触带电物体时，必须单手操作。因为双手拉合电闸或接触带电物体，如发生触电，会通过人体心脏形成回路，造成触电者迅速死亡。

（3）绝对禁止在电焊机开动情况下，接地线，接手把线。

（4）焊接电缆软线（二次线）外皮烧损超过两处，应更换检修后再用。

（5）在容器内部施焊时，照明电压应采用 12 V，登高作业不准将电缆线缠在焊工身上或搭在背上。

四、焊接防火、防爆知识

1. 焊接现场发生爆炸可能性

爆炸是指物质在瞬间以机械功的形式，释放出大量气体和能量的现象。在焊接时，可能发生爆炸的情况有以下几种。

（1）可燃气体的爆炸：焊接使用的可燃气体，如乙炔（C_2H_2）、天然气（CH_4）、液化气等，与氧气或空气均匀混合达到一定限度，如果遇到火源时便会发生爆炸，这个限度称为爆炸极限，常用可燃气在混合物中所占体积百分比来表示。例如，乙炔与空气混合爆炸极限为 2.2%～81%；乙炔与氧气混合爆炸极限为 2.8%～93%；丙烷或丁烷与空气混合爆炸极限分别为 2.1%～9.5% 和 1.55%～8.4%。

（2）可燃液体或可燃液体蒸气爆炸：如果在焊接场地或附近放有可燃液体时，可燃液体或可燃液体的蒸气达到一定浓度，遇到电焊火花即会发生爆炸。

（3）可燃粉尘爆炸：可燃粉尘（例如镁、铝粉尘，纤维素粉尘等）悬浮于空气中，如果达到一定浓度范围时，遇火源（例如电焊火花）也会发生爆炸。

（4）焊接直接使用的可燃气体爆炸：例如使用乙炔，如果操作不当而产生回火时，也会发生爆炸。

（5）密闭容器的爆炸：在密闭容器或正在受压的容器上进行焊接时，如不采取适当措施也会产生爆炸。

2. 防火、防爆的措施

（1）在焊接场地，禁止堆放易燃、易爆物品，场地内应备有消防器材，并且保证足够照明和良好的通风。

（2）在焊接场地 10 m 内不应储存油类或其他易燃、易爆物质的储存器皿或管线。

（3）如果对受压容器、密闭容器各种油桶和管道沾有可燃物质的焊件进行焊接，则必须事先进行检查，并经过冲洗除掉有毒、有害、易燃、易爆物质，解除容器及管道压力，消除容器密闭状态后再进行焊接。

（4）在密闭空间进行焊接时，须留有出气孔，如果焊接管子时，两端不准堵塞。

（5）有易燃、易爆物在车间、场所或煤气管、乙炔管附近焊接时，须取得消防部门的同意，并且操作时须采取严密措施以防止火星飞溅引起火灾。

（6）不准在木板、木砖地上进行焊接操作。

（7）不准在手把或接地线裸露情况下进行焊接，也不准将二次回路线乱接乱搭。

（8）进行气焊气割时，使用合格的回火防止器、压力表（乙炔、氧气），并定期进行检查；此外，还要使用合格的橡胶软管。

（9）在离开施焊现场时，应及时关闭气源、电源，并将火种熄灭。

五、特殊焊接技术职业技能等级证书

1. 报考条件

考生应根据操作水平及拟从事实际工作范围，申请考试的科目级别。考生申报条件为：

（1）年满 16 周岁的国家中等专业学校及以上在校学生和相关行业从业人员，身体健康。

（2）经过焊接基本理论知识和技能操作培训，能严格按照焊接工艺规程进行操作。

2. 报考等级

一般中专毕业生达到职业技能等级证书初级水平，高职大专毕业生达到职业技能等级证书中级水平，高职本科以上达到职业技能等级证书高级水平，具体如表 1-1-1 所示。

表 1-1-1 技能考核等级表

序号	等级	证书名称
1	初级	特殊焊接技术职业技能初级
2	中级	特殊焊接技术职业技能中级
3	高级	特殊焊接技术职业技能高级

3. 考核形式

特殊焊接技术职业技能等级考试评价分为理论知识和焊接技能操作两部分。特殊焊接技术基本理论知识考试合格后，才能参加特殊焊接技术技能操作考试。

特殊焊接技术基本理论知识考试合格有效期为 12 个月，有效期内未进行特殊焊接技术技能操作考试或特殊焊接技术技能操作考试不合格，若再申请特殊焊接技术职业技能考试时，应重新进行特殊焊接技术基本理论知识考试。

焊接技能操作考核方式：必考（2 项）+选考（1 项）。

初级必考项：低碳钢或低合金高强度钢板对接平焊焊条电弧焊、低碳钢或低合金高强度钢板对接平焊熔化极气体保护焊。

中级必考项：低碳钢或低合金高强度钢板对接立焊焊条电弧焊、低碳钢或低合金高强度钢板对接立焊熔化极气体保护焊、低碳钢或低合金高强度钢管板垂直（仰位）或水平固定（骑坐式）钨极氩弧焊（三项中选两项）。

高级必考项：低合金高强度钢或不锈钢板对接仰焊熔化极气体保护焊、低合金高强度钢或钛及钛合金板对接仰焊钨极氩弧焊。

选考项根据学员考核级别对应特殊焊接职业技能等级标准中不同等级的技能要求自行选择考核技能点。

理论知识考试时长：90 分钟；焊接技能操作考试时长：180 分钟；综合评审 60~120 分钟。

4. 考评人员与考生配比

理论考试：1∶20 且不少于 2 人。技能操作考试：1∶5 且不少于 3 人。综合评审：1∶10 且不少于 5 人。

5. 分值分配

理论知识与技能操作各按照 100 分满分制，理论考试 60 分为合格，技能操作考核 75 分合格。理论考试合格后方可进入技能操作考核。考核权重表如表 1-1-2 所示。

表 1-1-2　考核权重表

考核模块		考试项目
理论考试 （100 分）	职业素养考核	焊工职业认知
		综合表现
	理论知识考核	焊接基础知识
		金属材料知识
		焊接专业知识
		焊接工艺知识
		安全生产
技能操作考核 （100 分）		焊接工艺
		焊前准备
		技能操作
		安全文明生产

通过本节学习，以小组为单位，对本地区焊接操作员岗位能力、素质、人才需求、职业技能等级证书需求进行调研，写出调研报告。

班级		组名	
调研题目			
调研过程及调研结果	小组成员分工		
	调研背景陈述、调研意义（不少于200字）		
	调研结果及结果分析（不少于600字）		
	调研报告小结（不少于200字）		

本任务讲述常见的焊接接头和焊接坡口形式，常见焊缝种类、形状尺寸，常见坡口选用原则。通过本任务学习，利用思维导图对焊接常见坡口形式、种类及选用原则进行绘制。

学习目标 NEWS

（1）了解常见的焊接接头和焊接坡口形式。
（2）了解常见焊缝种类、形状尺寸。
（3）知道常见坡口选用原则。

相关知识

一、焊接接头的分类

用焊接的方法连接的接头叫焊接接头，简称接头。焊接接头包括焊缝区1、熔合区2和热影响区3，如图1-2-1所示。

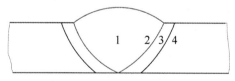

图1-2-1 焊接接头

1—焊缝区；2—熔合区；3—热影响区；4—母材

焊接接头是焊接结构最基本的要素，一个焊接结构是由若干个构件通过焊接接头连接而成的。焊接接头最常见的有对接接头、T形接头、角接接头、搭接接头四种，如图1-2-2所示。

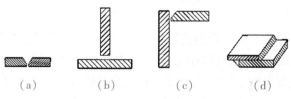

图1-2-2 焊接接头类型

（a）对接接头；（b）T形接头；（c）角接接头；（d）搭接接头

二、焊接坡口

根据设计和工艺需要，在焊件的待焊部位加工并装配成的一定几何形状的沟槽称为坡口，加工坡口的过程称为开坡口。车床、刨床、铣床、氧 - 乙炔切割、等离子弧切割、碳弧气刨等都可以加工坡口。开坡口的目的是为了保证电弧能深入接头根部，使根部焊透，便于清渣，并获得良好的焊缝成形。

1. 坡口形状

坡口可分为 V 形坡口、X 形坡口、U 形坡口、I 形坡口、钝边 V 形坡口、钝边 U 形坡口、钝边单 V 形坡口、K 形坡口和钝边双 J 形坡口等，常用的有 V 形、X 形、U 形和 I 形坡口。

2. 常用接头的坡口形式

1) 对接接头

两焊件表面构成大于或等于 135°，小于或等于 180° 夹角的接头称为对接接头。对接接头是各种焊接结构中采用最多的一种接头形式，其坡口形式如图 1 - 2 - 3 所示。

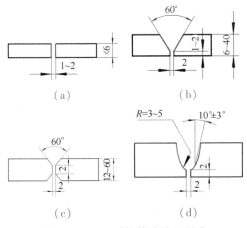

图 1 - 2 - 3　对接接头坡口形式

（a）I 形坡口；（b）V 形坡口；（c）X 形坡口；（d）U 形坡口

（1）I 形坡口对接接头。钢板厚度在 6 mm 以下的焊件，除重要构件外，一般不开坡口，为使焊接时达到一定的熔透深度，应留 1 ~ 2 mm 的装配间隙。有的焊件在整个厚度上不要求全部焊透，可进行单面焊，但必须保证焊缝的熔透深度不小于板厚的 0.7。如果产品要求在整个厚度上全部焊透，就应在焊缝背面清根后再焊，即形成不开坡口的双面焊对接接头。

（2）开坡口的对接接头。一般钢板厚度为 6 ~ 40 mm 时采用 V 形坡口。这种坡口加工容易，焊接时为单面焊，不用翻转焊件，但焊后焊件变形大。钢板厚度为 12 ~ 60 mm 时可采用 X 形坡口，在同样厚度下，X 形坡口比 V 形坡口能减少填充金属约 1/2，并且是对称焊接，焊后焊件的变形较小，其缺点是焊接时需要翻转焊件。钢板厚度为 20 ~ 60 mm 时可采用 U 形坡口。其特点是焊敷金属量少，焊缝的熔合比小。由于这种坡口根部有圆弧，加工比较复杂，通常只用于重要的焊接结构。

2）T形接头

一个焊件的端面与另一个焊件表面构成直角或近似直角的接头称为T形接头，其坡口形式如图1-2-4所示。

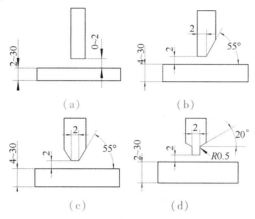

图1-2-4 T形接头的坡口形式

（a）I形坡口；（b）单边V形坡口；（c）双单边V形坡口；（d）带钝边双J形坡口

T形接头的使用范围仅次于对接接头，特别是船体结构中，约70%的焊缝是这种接头形式。根据焊件厚度不同，T形接头的垂直板可分为I形、单边V形、双单边V形及带钝边双J形坡口四种形式。

当钢板厚度为2~30 mm时可采用I形坡口。在焊缝要求承受载荷时，T形接头则按照钢板厚度和对结构强度的要求分别考虑选用单边V形、双单边V形或带钝边双J形等坡口形式，使接头焊透，保证接头强度。

3）角接接头

两个焊件端部构成大于30°而小于135°夹角的接头称为角接接头，其坡口形式如图1-2-5所示。

角接接头承载能力较差，一般用于不重要的结构。开坡口的角接接头在一般结构中较少采用。

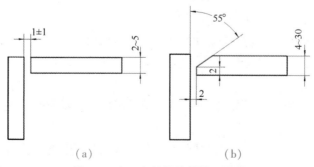

图1-2-5 角接接头的坡口形式

（a）I形坡口；（b）单边V形坡口

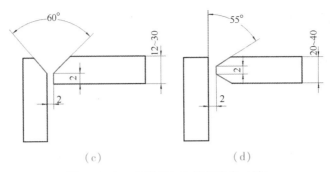

图 1-2-5 角接接头的坡口形式（续）

（c）带钝边 V 形坡口；（d）带钝边双单边 V 形坡口

4）搭接接头

两焊件部分重叠构成的接头称为搭接接头，其坡口形式如图 1-2-6 所示。

I 形坡口的搭接接头，其重叠部分长度为 3~5 倍板厚并采用双面焊接。这种接头的装配要求不高，但承载能力低，只用在不重要的结构中。当结构重叠部分的面积较大时，为了保证结构强度，可根据需要分别选用塞焊缝和槽焊缝等形式。搭接接头特别适用于被焊结构位于狭小处及密闭的焊接结构。

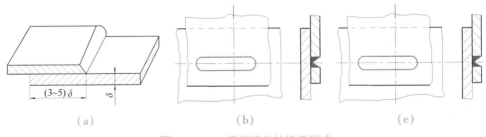

（a） （b） （c）

图 1-2-6 搭接接头的坡口形式

（a）I 形坡口；（b）槽焊缝口；（c）塞焊缝

3. 坡口尺寸

坡口尺寸一般包括坡口角度、坡口面角度、根部间隙、钝边，当坡口形式为 U 形或 J 形时，坡口尺寸还包括根部半径 r，如图 1-2-7 所示。

坡口角度：两坡口面之间的夹角称为坡口角度。

坡口面角度：待加工坡口的端面与坡口面之间的夹角称为坡口面角度。

根部间隙：焊前在接头根部之间预留的间隙，又称装配间隙，其主要作用是保证根部焊透。

钝边：焊件开坡口时，沿焊件接头坡口根部的端面直边部分，其主要作用是防止根部烧穿。

根部半径：U 形、J 形坡口底部的圆角半径，其主要作用是增大坡口根部的空间以便焊透根部。

在选择坡口尺寸时，坡口角度、钝边与根部间隙之间应配合选用。坡口角度减小时，根部间隙必须加大。同样，根部间隙较小时，钝边高度不能过大，坡口角度不能太小。这是为了使焊丝或焊条能达到根部附近，运条方便，保证焊透。

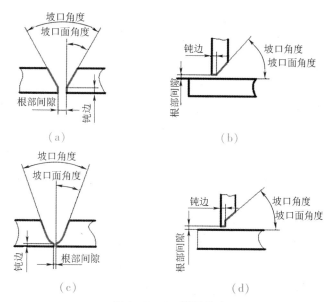

图1-2-7 坡口尺寸

(a) V形坡口；(b) 单边V形坡口；(c) U形坡口；(d) J形坡口

4. 坡口的选用原则

选择坡口时应遵循以下原则：

（1）保证焊件焊透。

（2）便于焊接施工。坡口的选择要充分考虑焊接施工条件，如大型厚重结构不易翻转，应选择单面坡口。必须在容器内焊接时，内侧坡口尺寸应小一些，减少焊工在容器内的焊接工作量等。

（3）坡口加工容易。V形坡口可以用车削、刨削、气割、等离子弧切割等多种方式加工，是最容易加工的坡口。U形坡口只能用切削和碳弧气刨加工，加工困难，效率低。因此，一般情况下尽量选用V形坡口。

（4）尽可能减少填充金属。在保证焊透的前提下，尽量减小坡口的断面面积，既能减少填充金属量，又可减少焊接工作量，提高焊接生产率。

（5）便于控制焊接变形。合适的焊接坡口形式有利于控制焊接变形。例如，采用X形坡口与V形坡口相比，不仅填充金属少，而且焊接变形小。

三、焊缝

1. 焊缝种类

焊件经焊接后形成的结合部分称为焊缝。按结合方式不同，焊缝可分为对接焊缝、角焊缝、端接焊缝、塞焊缝和槽焊缝等。

（1）对接焊缝：在焊件的坡口面间或一焊件的坡口面与另一焊件表面间焊接的焊缝称为对接焊缝。

（2）角焊缝：沿两直角或近直角焊件的交线所焊接的焊缝称为角焊缝。

（3）端接焊缝：构成端接接头所形成的焊缝称为端接焊缝。

（4）塞焊缝：两零件相叠，其中一块开圆孔，在圆孔中焊接两板所形成的焊缝称为塞焊缝。只在孔内焊角焊缝者不称塞焊，塞焊缝一般由塞焊搭接接头形成。

（5）槽焊缝：两板相叠，其中一块开长孔，在长孔中焊接两板的焊缝称为槽焊缝。只焊角焊缝者不能称为槽焊缝，槽焊缝一般由槽焊搭接接头形成。

此外，由对接焊缝和角焊缝组成的焊缝称为组合焊缝，坡口内的焊缝为对接焊缝，坡口外的焊缝为角焊缝。

2. 焊缝与接头

焊缝与接头是两个不同的概念。一般情况下，对接焊缝由对接接头形成，角焊缝由T形接头、十字接头和角接接头形成，但对接焊缝也可以由T形接头、十字接头形成，组合焊缝可以由对接接头或T形接头形成。接头与焊缝的关系如图1-2-8所示。

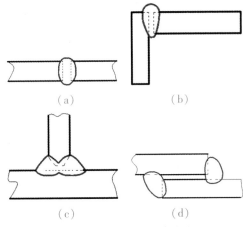

图1-2-8　接头与焊缝的关系

（a）对接接头对接焊缝；（b）角接接头对接焊缝；（c）T形接头组合焊缝；（d）搭接接头角焊缝

3. 焊缝的形状尺寸

焊缝的形状尺寸包括焊缝宽度、余高、熔深、焊缝厚度、焊脚尺寸等。在焊接工艺卡中，对焊缝的宽度、余高、焊脚尺寸都有明确的要求。

1）焊缝宽度

焊缝表面与母材交界处称为焊趾，两焊趾之间的距离称为焊缝宽度，如图1-2-9所示。

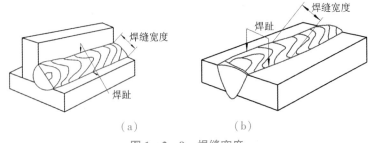

图1-2-9　焊缝宽度

（a）角焊缝的焊缝宽度；（b）对接焊缝的焊缝宽度

2）余高

超出母材金属表面连线上面的那部分焊缝金属的最大高度称为余高，如图1-2-10

所示。余高可避免熔池金属凝固收缩时形成缺陷，并增大焊缝截面承受静载荷的能力，但余高过大将引起应力集中，因此要限制余高的尺寸。通常平焊位置余高为 0~3 mm，当焊件承受动载荷时，焊后应将余高去除。

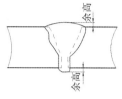

图 1-2-10　余高

3）熔深

在焊接接头横截面上，母材或前道焊缝熔化的深度称为熔深，如图 1-2-11 所示。当填充材料（焊条或焊丝）一定时，熔深的大小决定了焊缝的化学成分。

（a）　　　　　　（b）　　　　　　（c）

图 1-2-11　熔深

（a）对接接头的熔深；（b）搭接接头的熔深；（c）T 形接头的熔深

4）焊缝厚度

在焊缝横截面中，从焊缝正面到焊缝背面的距离称为焊缝厚度，如图 1-2-12 所示。

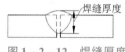

图 1-2-12　焊缝厚度

5）焊脚尺寸

根据角焊缝的外形可将角焊缝分成凸形角焊缝和凹形角焊缝两类，在其他条件一定时，凹形角焊缝要比凸形角焊缝应力集中小得多。

在角焊缝的横截面中，从一个直角面上的焊趾到另一个直角面的最小距离称为焊脚。在角焊缝的横截面中画出的最大等腰直角三角形中直角边的长度称为焊脚尺寸。对于凸形角焊缝，焊脚尺寸等于焊脚，如图 1-2-13（a）所示；对于凹形角焊缝，焊脚尺寸小于焊脚，如图 1-2-13（b）所示。焊脚尺寸决定了两焊件的结合强度，是角焊缝中一个重要的形状尺寸。

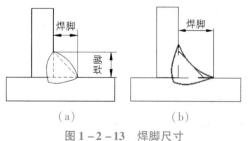

（a）　　　　　　（b）

图 1-2-13　焊脚尺寸

（a）凸形角焊缝；（b）凹形角焊缝

通过本任务学习，利用思维导图对焊接常见坡口形式、种类及选用原则进行绘制。

班级		姓名	
思维导图			
本章心得体会			

焊接工匠故事：

宁显海：从大凉山走出的"焊武帝"

宁显海是中国十九冶集团有限公司工业建设分公司安装焊工，2017 年在第 44 届世界技能大赛上以 94.63 的高分夺得焊接项目冠军，并保持该项目世界纪录，被评为 2017 年度"全国优秀共青团员""中央企业劳动模范""四川省第八届劳动模范""全国技术能手"。

1. 学一门手艺减轻家里负担

1995 年 9 月，我出生于四川省凉山州一个偏远小山村的普通家庭。因为成绩不太好，初中毕业我没能升入高中。

可是学什么好呢？从没走出过大山的我，对于学习什么技术一点概念也没有。当时堂哥刚从中国十九冶高级技工学校毕业，从他那里我知道了有一种技术叫焊接。于是懵懵懂懂的我来到了他就读过的学校，也选择了焊接专业。我暗自下定决心，不管多苦多累，我都要坚持下去，不能浪费家里给我的学费、生活费，以后我要靠着这手艺挣钱养家。

我从小就话不多，但是我会在内心深处告诉自己坚持下去。正是这份朴素的初心，成了我踏上世界技能大赛之路的原动力，让我从大山深处走向了世界技能舞台之巅。

2. 四年两败，依然坚定前行

在攀西的阳光下，教练周树春老师讲的世界技能大赛的故事，点燃了我心中梦想的火种。我暗下决心：总有一天，我要成为国家队选手，我要走向世界！

然而，通往世界技能最高舞台的路途，远比我想象的还要艰辛与坎坷。从 2011 年开始训练到 2017 年摘金，这六年时间里，我每天都穿着厚厚的防护服，拿着焊枪训练至少 13 个小时。这六年里，我没有节假日，只有每天不停地焊接训练。因为焊接车间温度很高，每天我的衣服都会被汗水浸湿，即使穿着防护服，我的身上也都是被焊花烫的伤疤。身上的每一个伤疤都是我的军功章，是我努力的见证！训练很苦很累，但是看着我焊的构件一个比一个好，焊缝精度越来越高，外观越来越漂亮，我觉得很欣慰，心里满满都是成就感。我每天就这样一直焊一直焊，有时候连饭都忘记吃。

这六年时间里，我曾两次遗憾与世界技能大赛擦肩而过。第 42 届世界技能大赛，我的师兄王晨宇获得优胜奖，我以一个名次之差无缘国家队；第 43 届世界技能大赛，我的同班同学曾正超夺得焊接项目冠军，我止步于全国"5 进 2"选拔赛。这期间，我还与师兄杨金发参加了第十二届全国工程建设系统职业技能竞赛，他获得了冠军并被授予"全国技术能手"称号，而我得到了银奖。

看着一同训练的同门师兄弟都陆续"成名"，我的心里有些失落，但是更多的是再次奋进的动力和勇气。我在心里默默地下定决心：不放弃，再努力！世技赛，等着我！

3. 四天绽放，中国红闪耀世界

世界技能大赛焊接项目的评分标准非常严格。焊碳钢的话，手工电弧焊和气保焊的焊缝宽度不能超过 2 mm，余高差不能超过 1.5 mm。焊不锈钢的话，氩弧焊的焊缝宽窄和余高都不能超过 1 mm。这分毫之间的距离全凭手感，只有每天不停地重复练习才能掌握。

2017 年 10 月，经过激烈的国内选拔，阿联酋首都阿布扎比，那个对我来说曾经遥不可及的梦已经触手可及。大赛前的最后几天，我依然不放松对自己的要求，每天早上 6 点半起床到半夜 12 点，除了吃饭的两个小时，集训车间里那炽热而绚丽的焊花从未熄灭过。凭借过硬的技术，我终于拿到了梦寐以求的世界技能大赛入场券。10 月 15 日，我迎来了我的"决战"！我手中燃烧着蓝色烈焰的焊枪，就像随我征战沙场的锋利宝剑，我发誓要用它披荆斩棘，圆梦阿布扎比！

我的对手是来自全世界 33 个国家的焊接高手，我心里很清楚，赛场上哪怕一丁点失误，都可能让我遗憾一辈子。我不甘心，也不允许自己的青春留下遗憾！历时 4 天，总时长 18 个小时的激烈比赛，我完成了四个模块比赛作品，得到了场内外专家的交口称赞，他们都说我的焊接作品具有艺术品的美感。最后通过多方综合评分，我以 94.63 分的成绩打破了这个项目的世界纪录，帮助中国队蝉联了焊接项目的冠军。

宁显海作品展示

模块二　焊条电弧焊实训

焊条电弧焊是最常用的焊接方法之一。由于具有设备简单、操作灵活方便、适应性强、能在空间任何位置进行焊接等优点，使这种焊接方法在各个行业得到了广泛应用，如造船、锅炉及压力容器、机械制造、建筑结构、化工设备等行业都广泛地使用这种焊接方法。

本模块按照《特殊焊接技术职业技能等级标准》《轨道交通装备焊接职业技能等级标准》等初、中级职业技能等级要求，面向企业焊条电弧焊中级操作员、初级工艺设计员等工作岗位由浅入深选取教学载体。

本模块主要内容包括：

（1）掌握低碳钢平敷焊操作技能，熟悉引弧、运条、起头、收尾与接头等焊条电弧焊基本操作入门技能。

（2）掌握低碳钢 T 形接头平角焊，板对接 V 形坡口平焊单面焊双面成形，管对接 V 形坡口水平转动单面焊双面成形等焊条电弧焊初级焊接操作技能。

（3）掌握低碳钢板对接 V 形坡口横焊、立焊单面焊双面成形，骑坐式管板垂直俯位焊，管对接 V 形坡口水平固定单面焊双面成形等焊条电弧焊中级焊接操作技能及工艺参数选择。

任务 2-1　平敷焊

任务描述

识读如图 2-1-1 所示试件图样，焊条电弧焊平敷焊操作技能训练，熟悉引弧、运条、起头、收尾与接头等基本操作入门技能。

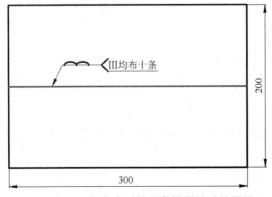

图 2-1-1　焊条电弧焊平敷焊训练试件图样

（1）试件材料为 Q235B，材料规格为：300 mm×200 mm×10 mm。

（2）焊接方法：焊条电弧焊；接头形式：平敷焊；焊接位置：水平位置。

（3）要求焊缝基本平直、光滑。

学习目标

（1）了解焊条电弧焊焊接电弧基本知识。

（2）了解焊条电弧焊引弧、运条、焊缝起头、收尾、焊缝接头、定位焊的概念。

（3）掌握平敷焊操作方法，熟悉焊条电弧焊引弧、运条、起头、收尾、接头、定位焊的方法及操作要领。

相关知识

一、焊条电弧焊引弧

1. 焊接电弧基本知识

焊接电弧是电极与工件之间气体介质中长时间的放电现象，如图 2-1-2 所示。

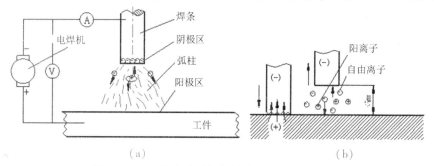

（a）　　　　　　　　　　　　　（b）

图 2-1-2　焊条电弧焊焊接电弧的产生示意图

焊接电弧是电弧焊的热源，电弧燃烧产生的高温将焊缝母材料和焊接材料熔化形成了熔池，熔池金属冷却凝固便形成了焊缝。要保证焊缝质量，就必须了解焊接电弧的基本知识。

2. 焊条电弧焊电弧的静特性

电弧的静特性是反映焊接电流与电弧电压之间关系的特性。由于焊条电弧焊的焊接电流较小，特别是电流密度较小，因此其电弧的静特性处于水平段，如图 2-1-3 所示。

3. 电弧的温度分布

焊条电弧焊电弧在焊条末端和工件间燃烧，电焊条

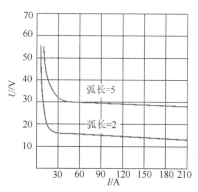

图 2-1-3　焊条电弧焊焊接电弧的静特性

和工件都是电极。一般情况下，电弧热量在阳极区产生的较多，约占总热量的43%，阴极约36%，弧柱约21%。焊接钢材时，它们的最高温度受钢的沸点影响，阴极约2 400 K，阳极约2 600 K，弧柱（电弧中心）温度为6 000～8 000 K。由于交流电弧两个电极的极性在不断地变化，故两个电极的平均温度是相等的，而直流电弧正极的温度比负极高200℃左右。

4. 电弧偏吹

电弧偏离焊条轴线的现象叫电弧偏吹。电弧偏吹使温度分布不均匀，容易产生咬边、未熔合、夹渣等缺陷。电弧偏吹产生原因及防止措施如表2-1-1所示。

表2-1-1 电弧偏吹产生原因及防止措施

产生原因	防止措施
焊条药皮偏心。因药皮偏心，圆周各处药皮厚度不一致，熔化快慢不同，药皮薄的一侧熔化快，焊条端部容易产生"马蹄形"套筒，使电弧吹向一边，如图2-1-4所示	当"马蹄形"不大时，可转动焊条改变偏吹的方向调整焊缝成形；若"马蹄形"较大，则更换焊条
气流的影响。在钢板两端焊接时，热空气引起冷空气流动，使电弧向钢板外面偏吹	减少气流
风的影响。在风的作用下，电弧向风吹的方向偏斜	避免在有风的地方焊接或用防护挡板挡风
接地线位置不当引起的偏吹，如图2-1-5所示	改变接地线位置

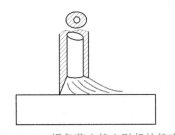

图2-1-4 焊条药皮偏心引起的偏吹

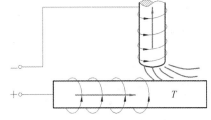

图2-1-5 接地线位置不当引起的偏吹

5. 引弧操作

焊条电弧焊引燃焊接电弧的过程称为引弧。引弧是焊接过程中频繁进行的动作，引弧技术的好坏直接影响焊接质量。常用的引弧方法有划擦法和直击法。

1）划擦法

先将焊条对准焊件，再将焊条像划火柴似的在焊件表面轻微划擦，引燃电弧，然后迅速将焊条提起2～4 mm，并使之稳定燃烧，如图2-1-6所示。划擦法引弧对初学者来说容易掌握，但如果操作不当，容易损伤焊件表面，造成焊件表面电弧划伤。

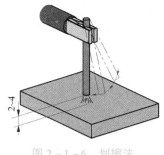

图 2-1-6　划擦法

2）直击法

将焊条末端对准焊件，然后手腕下弯，使焊条轻微碰一下焊件，再迅速将焊条提起 2~4 mm，引燃电弧后手腕放平，使电弧保持稳定燃烧。直击法的引弧点即为焊缝的起点，避免了母材表面被电弧划伤。这种引弧方法不会使焊件表面划伤，又不受焊件表面大小、形状的限制，故焊接时常采用这种引弧方法，但操作不易掌握，如图 2-1-7 所示。

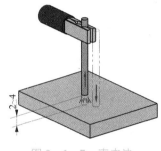

图 2-1-7　直击法

师傅提示：

1. 焊条提起要快，否则容易粘在工件上；划擦法不易粘连，适于初学者采用；如发生粘连，只需将焊条左右摇动即可脱离。

2. 焊条提起不能太高（使焊条末端与工件间始终维持在 2~4 mm 的距离），否则电弧会燃而复灭。

3. 如焊条与工件接触而不能起弧，往往是焊条端部有药皮等妨碍导电，这时就应将这些绝缘物清除，露出金属表面以利导电。

二、焊条电弧焊运条

1. 运条概念

焊接过程中，焊条相对焊缝所做的各种动作的总称叫运条。正确运条是保证焊缝质量的基本要素之一。

2. 运条动作

当电弧引燃后，焊条要有三个基本方向的运动（见图 2-1-8），它们分别是：

（1）焊条朝熔池送进的运动。

为了使焊条在熔化后仍能保持一定的弧长，要求焊条向熔池方向送进的速度与焊条熔化的速度相适应。如果焊条送进的速度低于焊条熔化的速度，则电弧的长度逐渐增加，最终导致断弧。如果焊条送进速度太快，则电弧长度迅速缩短，使焊条末端与焊件接触造成短路，同样使电弧熄灭。电弧的长度对焊缝质量的影响很大，电弧过长，焊缝质量差。因为长弧易左右飘动，造成电弧不稳定，保护效果差，飞溅增大，同时使电弧的热损失增加，焊缝熔深浅，而且由于空气的侵入易产生气孔。因此，在焊接过程中一定要采用中、短弧施焊，特别是用低氢型焊条时，必须用短弧施焊才能保证焊接质量。

（2）焊条沿焊接方向的移动。

这个运动主要是使焊接熔敷金属形成焊缝。焊条移动的速度与焊接质量、焊接生产率有很大关系。如果焊条移动的速度太快，则电弧可能来不及熔化足够的焊条与焊件金属，造成未焊透，焊缝较窄。如焊条运动速度较慢，则会造成焊缝过高、过宽，外形不整齐，在焊接较薄焊件时容易焊穿，因此运条速度适当才能使焊缝均匀。

（3）焊条的横向摆动。

其主要目的是得到一定宽度的焊缝，防止两边产生未熔合或夹渣，也能延缓熔池金属的冷却速度，有利于气体的溢出，焊条横向摆动的范围应根据焊缝宽度与焊条直径而定，横向摆动的速度根据熔池的熔化情况灵活掌握。横向摆动力求均匀一致，以获得宽度一致的焊缝。正常的焊缝一般不超过焊条直径的 2～5 倍。

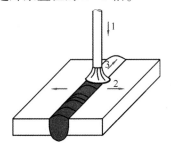

图 2－1－8　运条的基本动作

1—焊条轴线的送进；2—焊条横向摆动；3—焊条沿焊缝轴线方向纵向移动

3. 运条方法

在生产实践中，运条方法很多，选用运条方法时应根据接头形式、装配间隙、焊缝位置、焊条直径、焊接电流大小及焊工水平等因素而定。常见运条方法、特点及适用范围如表 2－1－2 所示。

表 2－1－2　常见运条方法、特点及适用范围

运条名称	运条示意图	特点	适用范围
直线运条法	→（箭头）	焊条沿着直线朝焊接方向运动，操作简单，容易掌握	13～5 mm 厚度，I 形坡口对接平位焊；多层焊的第一焊道；多层多道
直线往返形运条法	（往返折线示意图）	焊条沿着直线朝焊接方向往返运动	焊薄板；对接平位焊（间隙较大）

运条名称	运条示意图	特点	适用范围
锯齿形运条法		运动到边缘稍停，可以防止咬边，通过摆动可以控制金属流动、焊缝宽度，改善焊缝成形	厚板对接接头的平位焊、立焊和仰焊；角接接头的立焊
月牙形运条法		运动到边稍停，可以防止咬边和未焊透，金属熔化良好，熔池保持时间较长，可以减少气孔和夹渣	厚板对接接头的平位焊、立焊和仰焊；角接接头的立焊
斜三角形运条法		借助焊条摆动，能控制金属熔化状况，减少气孔和夹渣，获得良好焊缝，能一次焊出较厚的焊缝	角接接头的仰焊；对接接头开 V 形坡口的横焊
正三角形运条法			角接接头的立焊；对接接头
斜圆圈形运条法		借助焊条不断圆圈运动，控制熔化金属不下淌，使熔化金属保持较高温度，气体和熔渣有足够的浮出时间	角接接头的平位焊、仰焊；对接接头的横焊
正圆圈形运条法			对接接头的厚件平位焊
八字形运条法		焊缝边缘加热充分，熔化均匀，可控制两边停留时间不同，调节热量分布	对接接头的厚件平位焊

三、焊条电弧焊起头、收尾及连接

1. 焊缝起头

焊缝起头就是指刚开始焊接的部分。

> **师傅提示：**
>
> 　　焊缝起头在一般情况下，这部分焊缝略高些，这是因为焊件在未焊之前温度较低，而引弧后又不能迅速使这部分温度升高，所以起点部分的熔深较浅，使焊缝的强度减弱。
>
> 　　焊缝起头时，酸性焊条可在引燃电弧后先将电弧拉长些，对焊件进行必要的预热，以避免开始焊接时因温度较低而导致熔深较浅、焊缝较高，然后再压低电弧转入正常焊接。

对焊条来说，在引弧后的 2 s 内，焊条药皮未形成大量保护气体，最先熔化的熔滴几乎是在无保护气氛的情况下过渡到熔池中去的，这种保护不好的熔滴中有很多气体，如果这些熔滴在焊接过程中得不到二次熔化，气体就会残留在焊道中形成气孔。

为减少气孔，可将前几滴熔滴甩掉。操作中的直接方法是采用跳弧焊，即电弧有规律地瞬间离开熔池，甩掉熔滴，但焊接电弧并未中断。另一种间接方法是采用引弧板，如图 2－1－9 所示，即在焊前装配一块金属板，从这块板上开始引弧，焊后割掉。该方法既保证了起头处的焊接质量，且焊接接头始端获得正常焊缝，在焊接重要部位时常采用。

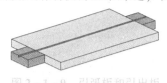

图 2－1－9　引弧板和引出板

2. 焊道收尾

焊缝的收尾是指一条焊缝焊完时，应把收尾处的弧坑填满，或者说焊缝的收尾是指一条焊缝完成后如何收弧。

焊缝收尾时，如果立即拉断电弧，则会形成低于焊件表面的弧坑。过深的弧坑使焊缝收尾处强度减弱，容易造成应力集中而导致裂纹。因此，在焊缝收尾时不允许有较深的弧坑存在。焊接结束时如果将电弧突然熄灭，则焊缝表面留有凹陷较深的弧坑，并且容易引起弧坑裂纹。因此，常用的焊道收尾方法如表 2－1－3 所示。

表 2－1－3　常用的焊道收尾方法

收尾方法	操作要点	适用范围	示意图
划圈收尾法	焊条移至焊缝终点时，做圆圈运动，直到填满弧坑再拉断电弧	适用于厚板焊接，对于薄板则有可能烧穿的危险	
反复断弧收尾法	焊条移至焊缝终点时，在弧坑处反复熄弧、引弧数次，直到填满弧坑为止	适用于大电流或薄板焊接。碱性焊条不宜采用此法，因为容易产生气孔	熄弧　引弧
回焊收尾法	焊条移至焊缝收尾处即停住，并随之改变焊条角度回焊一小段	碱性焊条适合采用此法	75°　75°

3. 焊缝的连接

在操作时，由于受焊条长度的限制，一根焊条往往不能完成一条焊道。因此，出现了焊道前后两段的连接问题。焊道的连接一般有以下几种方式。

1）首尾相接

后焊的焊缝从先焊的焊缝尾部开始焊接，如图 2－1－10 所示，是最常用的焊接接头形式，要求在先焊焊道弧坑稍前约 12 mm 处引弧，电弧长度比正常焊接略微长些（碱性焊条电弧不可加长，否则易产生气孔），然后将电弧移到原弧坑的 2/3 处，填满弧坑后，即向前进入正常焊接。如果电弧后移太多，则可能造成接头过高；后移太少，将造成接头脱节，产生弧坑未填满的缺陷。焊接接头时更换焊条速度要快，因在熔池尚未冷却时进行焊接，既保证质量且焊道外表面成形美观。

图 2－1－10　首尾相接

2）首首相接

两焊缝在起头处相接，如图 2－1－11 所示，要求先焊焊道的起头处要略低些。连接时，在先焊焊道的起头略前端引弧，并稍微拉长电弧，将电弧引向先焊焊道的起头处，并覆盖它的端头，待起头处焊道焊平后，再沿着与先焊焊道相反的方向移动。管子水平固定焊接起焊处即用这种方法接头。

图 2－1－11　首首相接

3）尾尾相接

两条焊缝的收尾相接，如图 2－1－12 所示。当后焊的焊缝焊到先焊的焊缝收弧处时，焊接速度应稍慢些，填满先焊焊缝的弧坑处后，以较快的速度再向前焊一段，然后熄弧。管子水平固定焊收尾处即用这种方法接头。

图 2－1－12　尾尾相接

4）分段退焊接头

先焊焊缝的起头和后焊焊缝的收尾相接，如图 2－1－13 所示。要求后焊焊缝焊至靠近先焊焊缝始端时改变焊条角度，使焊条指向先焊焊缝的始端，拉长电弧，待形成熔池后再压低电弧往回移动，最后返回原来熔池处收弧。

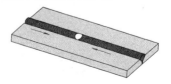

图 2－1－13　分段退焊接头

工艺分析

平敷焊是在平焊位置上在工件表面堆敷焊道的一种操作方法，是所有焊接操作方法中最简单、最基础的方法，易获得良好的焊缝成形和焊接质量。若焊接参数选择不当或操作不当，则容易形成沟槽。若运条不当和施焊角度不正确，则会出现熔渣和铁液混合在一起分不清的现象，形成焊缝夹渣。

《任务实施》

一、焊前准备

（1）安全检查：劳保用品穿戴规范且完好无损；清理工作场地，焊接电缆、焊钳、面罩等工具完好；检查焊机和所使用的电动工具；焊把线接地良好；操作时，必须先戴面罩然后才开始操作，避免电弧光直射眼睛。

（2）场地准备：焊机准备，地线接好，调试焊机，场地清理，焊把线理顺，保持整洁。

二、焊接操作步骤

焊接基本操作步骤：试件准备（下料、焊前清理、调试焊机）→焊接工艺参数确定→焊接。

1. 试件准备

（1）下料。

采用钢板切割机下料，焊件 Q235B 钢板，规格（长×宽×厚）为 300 mm×200 mm×10 mm。

（2）焊前清理。

清理焊接的油污、锈迹，清理打磨干净直至露出金属光泽，对试板尺寸进行检查核对。

（3）调试焊机。

①接通电源，若无异常情况，按照焊接工艺参数初步调节好焊接参数。

②焊接操作前，通过短时焊接对设备进行一次负载检查，检查设备和电路系统工作是否正常。

2. 焊接工艺参数的确定

平焊时，为提高焊接效率，尽量选用较大焊接参数，Q235B 材料平敷焊焊接参数如表 2-1-4 所示。

表 2 - 1 - 4　Q235B 材料平敷焊焊接参数

焊条型号	焊条直径/mm	焊接电流/A	电源极性
E4303	3.2	90 ~ 120	直流反接
	4.0	160 ~ 180	

3. 装配与定位焊

本任务为平敷焊，不需要装配和定位，只需对母材进行矫平及除锈即可，可以在试件上用石笔或记号笔画出若干距离平等的平行线，作为焊接参考。为避免夹渣，可将试件焊接倾角倾斜 2°~3°，以便熔渣自动下流，不易和熔池液体金属混杂，如图 2 - 1 - 14 所示。

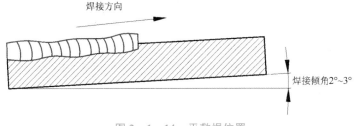

图 2 - 1 - 14　平敷焊位置

4. 焊接过程

平敷焊是在平焊的位置上堆敷焊道的一种焊接操作方法，平敷焊操作由起头、运条、连接和收尾四个基本动作组成。

（1）以焊缝位置线作为运条的轨迹，分别采用直线运条法、锯齿形运条法、正圆圈形运条法等方法运条。要求焊后的焊件上不应有引弧痕迹，每条焊道尺寸符合技术要求，焊波均匀，无明显咬边。

（2）操作过程中，变换不同的弧长、运条速度和焊条角度以了解各因素对焊道成形的影响，并不断积累焊接经验。

（3）进行起头、接头、收尾的操作训练。要求焊道的起头和连接处基本平滑，无局部过高现象，收尾处无弧坑。

（4）每条焊缝焊完后，清理熔渣，分析焊接中的问题，再进行另外一条焊缝的焊接。

师傅提示：

声音判断电流

焊接时可通过电弧的响声来初步判定电流过大或过小。当焊接电流大时，发出哔哔的声音，熔敷金属低、熔深大、易产生咬边；当焊接电流较小时，发出沙沙的声响，同时夹杂着清脆的噼啪声，熔敷金属窄而高，且两侧与母材结合不良；焊接电流适中时，熔敷金属高度适中，两侧与母材结合良好。

三、焊后清理

（1）将焊缝表面及其两侧的飞溅物清理干净（不能破坏焊缝原始状态）。
（2）按"6S"现场管理规定清理操作现场，做好使用记录。

考核评价

焊条电弧焊平敷焊反馈与评价如表 2 – 1 – 5 所示。

表 2 – 1 – 5　焊条电弧焊平敷焊反馈与评价

焊条直径/mm	焊接电流/A	电弧长度/mm	运条方法	焊接速度/(mm·min⁻¹)	焊道宽度/mm	焊道余高/mm	焊道接头	焊道波纹
2.5								
2.5								
2.5								
2.5								
3.2								
3.2								
3.2								
3.2								
4.0								
4.0								
4.0								
4.0								

任务 2 – 2　T 形接头平角焊

任务描述

识读如图 2 – 2 – 1 所示试件图样，采用焊条电弧焊方法实施 T 形接头平角焊。任务属于初级焊接操作技能。

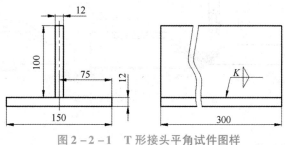

图 2 – 2 – 1　T 形接头平角试件图样

（1）试件材料为 Q235B。

（2）接头形式为角接接头，焊接位置为平角焊。

（3）$K = 10 \pm 1$，截面为等腰直角三角形。

（4）具体要求参照评分标准。

学习目标

（1）了解焊条电弧焊概念、原理、特点和应用。

（2）会制定低碳钢 T 形接头平角焊的装焊方法，焊接参数选择。

（3）焊接出合格的 T 形接头平角焊工件并达到评分标准的相关要求。

相关知识

一、焊条电弧焊概念

焊条电弧焊是利用手工操纵焊条进行焊接的电弧焊方法，简称手弧焊，是目前仍应用十分广泛的一种焊接方法。

二、焊条电弧焊原理

焊接时，将焊条与焊件接触短路后立即提起焊条，引燃电弧，电弧的高温将焊条与焊件局部熔化，熔化了的焊芯以熔滴的形式过渡到局部熔化的焊件表面，熔合在一起形成熔池。焊条药皮在熔化过程中会产生一定量的气体和液态熔渣，产生的气体充满在电弧和熔池周围，起着隔绝大气、保护液态金属的作用。液态熔渣密度小，在熔池中不断上浮，覆盖在液态金属上面，也起着保护液态金属的作用。同时，药皮熔化产生的气体、熔渣与熔化了的焊芯、焊件发生一系列冶金反应，保证了所形成焊缝的性能。随着电弧沿焊接方向不断移动，熔池液态金属逐步冷却结晶形成焊缝。焊条电弧焊原理如图 2 - 2 - 2 所示。

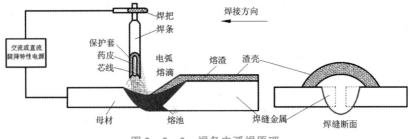

图 2 - 2 - 2　焊条电弧焊原理

三、焊条电弧焊特点及应用

1. 优点

（1）操作灵活，适应性强，可用于平、立、横、仰全位置焊接。

（2）设备简单，使用方便，无论采用交流弧焊机或直流弧焊机，焊工都能很容易地掌握，使用方便、成本低。

（3）应用范围广，选择合适的焊条可以焊接许多常用的金属材料。

2. 缺点

（1）焊接质量不够稳定，焊接质量受焊工的操作技术、经验、情绪的影响。

（2）劳动条件差，焊工劳动强度大，还要受到弧光辐射、烟尘、臭氧、氮氧化合物、氟化物等有毒物质的危害。

（3）受焊工体能的影响，及受焊接工艺参数中焊接电流的限制，加之辅助时间较长，导致生产效率低。

四、T形接头及搭接平位焊操作

1. T形接头平位焊

T形接头平位焊时，容易产生未焊透、焊偏、咬边、夹渣等缺陷，为防止上述缺陷，焊接时除了正确选择焊接工艺参数外，还必须根据两板厚度来调整焊条角度，电弧应偏向厚板的一边，使两板受热温度均匀一致。T形接头平位焊的工艺参数如表 2-2-1 所示。T形接头平位焊时焊条的角度如图 2-2-3 所示。

表 2-2-1　T形接头平位焊的工艺参数

焊接横断面形式	焊件厚度或焊脚尺寸/mm	第一层焊缝		其他各层焊缝		封底焊缝	
		焊条直径/mm	焊接电流/A	焊条直径/mm	焊接电流/A	焊条直径/mm	焊接电流/A
	2	2.5	65~75	—	—	—	—
	3	3.2	130~150	—	—	—	—
	4	3.2	130~150	—	—	—	—
	5~6	4	180~200	—	—	—	—
		5	220~280	—	—	—	—
	>7	4	160~200	5	220~280	—	—
		5	220~280				
	—	4	180~200	4	160~200	4	160~200
				5	220~280		

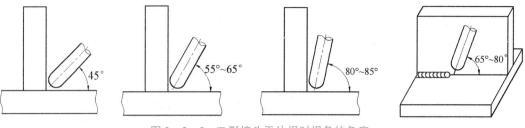

图 2-2-3　T 形接头平位焊时焊条的角度

当焊脚小于 6 mm 时，可采用单层焊，选用直径 4 mm 的焊条，直线运条法或斜圆形运条法，短弧焊，以防止产生焊偏及垂直板上咬边。焊脚在 6～10 mm 时，可采用两层两道焊，焊第一层时，应选用直径 3.2～4 mm 的焊条，采用直线运条法，必须将顶角焊透，以后各层可选用直径 4～5 mm 的焊条，采用斜圆形运条法，要防止产生焊偏及咬边现象。当焊脚大于 10 mm 时，可采用多层多道焊，选用直径 5 mm 的焊条。在焊第一道焊缝时，应选用较大的焊接电流，以获得较大的熔深；在焊第二道焊缝时，由于焊件温度升高，可用较小的焊接电流和较快的焊接速度，以防止垂直板产生咬边。

在实际生产中，当焊件能够翻动时，尽可能把焊件放置成船形位置，如图 2-2-4 所示，这样既能防止产生咬边，保证焊缝平整美观，又能采用大直径的焊条和较大的焊接电流，便于操作。

2. 搭接平位焊

在进行搭接平位焊时，其主要的困难是上板边缘易被电弧高温熔化而产生咬边，同时也容易产生焊偏，因此必须掌握好焊条角度和运条方法，焊条与下板表面的角度应随下板厚度的增大而增大，如图 2-2-5 所示。根据板厚不同搭接平位焊也可分为单层焊、多层焊、多层多道焊，选择方法基本上与 T 形接头相似。

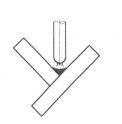

图 2-2-4　船形位置焊接

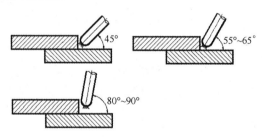

图 2-2-5　搭接平位焊时焊条的角度

工艺分析

T 形接头即两块钢板互为 90°并呈 T 形进行连接。由于两块钢板有一定的夹角，降低了熔敷金属和熔渣的流动性，容易形成夹渣和咬边等缺陷。同时由于重力作用，焊缝容易下垂，难以保证焊缝为三角形，所以在操作中，电流要大于平焊时的电流。当两块钢板厚度不同时，原则上应将电弧的能量更集中对准厚的钢板。

一、焊前准备

（1）安全检查：劳保用品穿戴规范且完好无损；清理工作场地，焊接电缆、焊钳、面罩等工具完好；检查焊机和所使用的电动工具，焊把线接地良好；操作时，必须先戴面罩然后才开始操作，避免电弧光直射眼睛。

（2）场地准备：焊机准备，地线接好，调试焊机，场地清理，焊把线理顺，保持整洁。

二、焊接操作步骤

焊接基本操作步骤：试件准备（下料、焊前清理、调试焊机）→装配与定位焊→焊接工艺参数确定→焊接（打底焊、盖面焊）。

1. 试件准备

（1）下料

采用钢板切割机下料，焊件 Q235B 钢板，尺寸为 300 mm × 150 mm × 12 mm，300 mm × 100 mm × 12 mm。

（2）焊前清理

清理焊接处 10 ~ 20 mm 范围内的油污、锈迹，清理打磨干净直至露出金属光泽，对试板尺寸进行检查核对。

（3）调试焊机。

①接通电源，若无异常情况，按照焊接工艺参数初步调节好焊接参数。

②焊接操作前，通过短时焊接，对设备进行一次负载检查，检查设备和电路系统工作是否正常。

2. 装配与定位焊

将打磨好的翼板水平放置在操作台上，按施工图在翼板上划出腹板装配定位线，用直角尺将腹板与翼板按装配定位线装配成 T 形，不留间隙，如图 2 - 2 - 6 所示。

采用正式焊接所用焊条进行定位焊，定位焊时，焊接电流要比正式焊接电流大 15% ~ 20%，以保证定位焊的强度和焊透。定位焊位置在焊件两端前后对称处，四条定位焊缝长度 10 ~ 15 mm，如图 2 - 2 - 7 所示。定位焊完成后，用直角尺检查，确保腹板与翼板的垂直度。

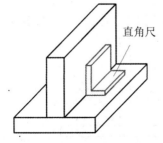

图 2 - 2 - 6　T 形接头平角焊装配图

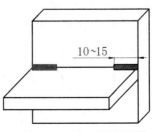

图 2 - 2 - 7　定位焊位置

3. 焊接工艺参数的确定

Q235B 材料 T 形接头平角焊焊接工艺卡如表 2 - 2 - 2 所示。

表 2 - 2 - 2　Q235B 材料 T 形接头平角焊焊接工艺卡

焊接方法	焊条电弧焊 SMAW				
工件材料、规格	腹板：300 mm × 100 mm × 12 mm，翼板：300 mm × 150 mm × 12 mm				
焊材牌号、规格	E4303				
焊接接头	T 形接头				
焊接位置	平角焊				
坡口形式	I 形				
坡口角度	—				
钝边	—				
组对间隙	0 ~ 1 mm				

焊后热处理				焊道分布示意图
种类	—	层（道）间范围	≤200℃	
加热方式	—	保温时间	—	
温度范围	—	测量方法	—	

焊接参数					
焊层（道）	焊材直径/mm	焊接电流		电弧电压/V	焊接速度/(mm · min⁻¹)
		极性	范围/A		
1	3.2	直流反接	110 ~ 130	20 ~ 24	14 ~ 16
2	4.0	直流反接	130 ~ 150	20 ~ 24	14 ~ 16
3	4.0	直流反接	125 ~ 145	20 ~ 24	12 ~ 16

4. 焊接过程

T 形接头平角焊采取两层三道焊，焊道分布示意图如表 2 - 2 - 2 工艺卡所示。

1）第一层焊缝（打底焊）

打底焊操作时，采用直线运条法、短弧焊，速度要均匀。焊接时保持焊条角度与水平焊件成 45° ~ 50°，与焊接方向夹角成 65° ~ 80°，如图 2 - 2 - 8 所示。注意熔渣和铁液的熔敷效果，收尾时要特别注意填满弧坑。电流选择稍大，以达到一定的熔深。

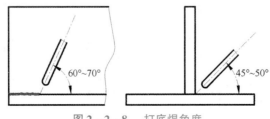

图 2 - 2 - 8　打底焊角度

2）盖面焊

第二和第三道焊缝合称为盖面焊。在盖面焊焊接前，注意焊前清理干净焊渣和飞溅物。

（1）第二道焊缝：焊接时，可采用 $\phi 4$ mm 的焊条，焊接电流稍大，以便加大焊道的熔宽。中心对准打底焊焊缝和平板之间夹角中心，焊条与平板的角度约为 60°。直线运条时，运条平稳；第二道焊缝要覆盖打底焊缝的 1/2 ~2/3；焊缝与平板之间熔合良好，边缘整齐。焊接速度比打底焊时的速度稍快。

（2）第三道焊缝：操作同第二道焊缝；要覆盖第二道焊缝的 1/3 ~1/2；焊接速度均匀，不能太慢，否则易产生咬边或焊瘤，使焊缝成形不美观。

师傅提示：

分清铁液和熔渣才算入门。作为焊工，对自己所焊的每道焊缝的情况应比较清楚，同时还要能够对熔池进行有效的控制。要达到这种要求首先必须能够分清铁液和熔渣。怎样才能分清铁液和熔渣？

1. 操作上进行区分。选一个适合自己视力的面罩；由于焊接时一般是右焊法，焊条对熔池有一定的遮挡，所以有时对熔池的观察不清楚，这时可迅速将电弧拉长，照亮熔池，同时吹开熔渣，看清熔池后，迅速压低电弧进行正常焊接。这个过程非常短，只需 1 s 左右的时间。

2. 颜色上进行区分。熔渣的颜色呈亮黄色，铁液的颜色呈暗红色。

3. 形态上进行区分。熔渣在熔池表面，且在高温和电弧吹力作用下不断沸腾、冒泡，而铁液由于密度较大，从焊条过渡到熔池中时，基本不会沸腾。

三、焊后清理

（1）将焊缝表面及其两侧的飞溅物清理干净（不能破坏焊缝原始状态）。

（2）按"6S"现场管理规定清理操作现场，做好使用记录。

 考核评价

试件质量评分表见附录。

 任务 2-3　板对接平位焊

任务描述

识读如图 2-3-1 所示试件图样，采用焊条电弧焊方法实施板对接平位焊。任务属于初级焊接操作技能。

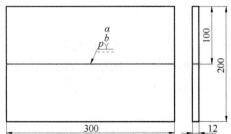

图 2-3-1　板厚 12 mm 的 V 形坡口对接平位焊试件图样

（1）试件材料为 Q235B。

（2）接头形式为板板对接，焊接位置为平位。

（3）根部间隙 $b=3.0\sim4.0$ mm，坡口角度 $\alpha=60°\pm2°$，钝边 $p=0.5\sim1$ mm。

（4）要求单面焊双面成形，具体要求参照评分标准。

学习目标 NEW!

（1）掌握平位焊的概念及操作要领。

（2）会制定低碳钢板对接平位焊的装焊方法，选择焊接参数。

（3）焊接出合格的板对接平位焊工件。

相关知识

一、平位焊

1. 平位焊概念

平位焊是在水平面上任意方向进行焊接的一种操作方法。由于焊缝处在水平位置，熔滴主要靠自重过渡，操作技术比较容易掌握，可选较大直径焊条和较大的焊接电流，生产效率高，因此在生产中应用较为普遍。当然，如果焊接工艺参数选择和操作不当，则打底焊时容易造成根部焊瘤或未焊透，也容易出现熔渣与熔化金属混杂不清或熔渣超前而引起的夹渣。

2. 平位焊的操作要领

水平位置的直线堆焊是手工电弧焊最简单的基本操作。初学者开始练习时，主要掌握好"三度"，即电弧长度、焊条角度、焊接速度。

1）电弧长度

电弧和高温使焊条不断熔化，所以必须将焊条不断送向熔池，如果送进不及时，则电弧就会拉长，从而影响焊接质量。电弧的合理长度约等于焊条直径。

2）焊条角度

焊条角度是指焊条与焊缝及工件之间的正确角度关系。焊条与焊缝两侧工件平面的夹角应当相等。

3）焊接速度

起弧后熔池形成，焊条就应均匀地沿焊缝向前运动，运动的速度应适当。

对接平位焊有 I 形坡口和 V 形坡口。对接平位焊的工艺参数如表 2-3-1 所示。

表 2 – 3 – 1　对接平位焊的工艺参数

焊接横断面形式	焊件厚度或焊脚尺寸/mm	第一层焊缝		其他各层焊缝		封底焊缝	
		焊条直径/mm	焊接电流/A	焊条直径/mm	焊接电流/A	焊条直径/mm	焊接电流/A
	2	2	50~60	—	—	2	50~60
	2.5~3.5	3.2	80~110	—	—	3.2	85~120
	4~5	3.2	90~130	—	—	3.2	100~130
		4	160~200	—	—	4	160~210
		5	200~260	—	—	5	220~260
	5~6	4	160~200	—	—	3.2	100~130
		5		—	—	4	180~210
	>6	4	160~210	4	160~210	4	180~210
				5	230~280	5	120~260
	>12	4	160~210	4	160~210	—	—
				5	220~280	—	—

二、Ⅰ形坡口对接平位焊

当板厚小于 6 mm 时，一般采用Ⅰ形坡口对接平位焊。采用双面双道焊，焊条直径 3.2 mm。焊接正面焊缝时，采用短弧焊，熔深为焊件厚度的 2/3，焊缝宽度 5~8 mm，余高应小于 1.5 mm，如图 2 – 3 – 2 所示。焊接反面焊缝时，除重要结构外，不必清根，但要将正面焊缝背部的焊渣清除干净再焊接，焊接电流可大些。对接平位焊的焊条角度如图 2 – 3 – 3 所示。

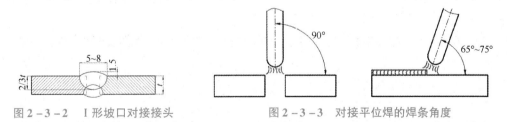

图 2 – 3 – 2　Ⅰ形坡口对接接头　　　　　图 2 – 3 – 3　对接平位焊的焊条角度

三、V形坡口对接平位焊

当板厚大于 6 mm 时采用，一般要开 V 形坡口，焊接时采用多层焊或多层多道焊，如图 2 – 3 – 4 和图 2 – 3 – 5 所示。

多层焊时，第一层应选用小直径的焊条，可采用直线运条法或锯齿形运条法，要注意边缘熔合的情况，避免焊穿；之后各层焊接时，应将前一层熔渣清除干净，然后选择直径较大的焊条和较大的焊接电流进行施焊，可采用锯齿形运条法，并采用短弧焊，但每层不宜过厚，应注意在坡口两边稍作停留，为防止产生熔合不良及夹渣等缺陷，每层的焊缝接头须相互错开。多层多道焊的焊接方法与多层焊相似，但焊接时应特别注意清除熔渣，以免产生夹渣、未熔合等缺陷。

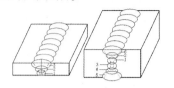 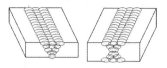

图 2-3-4　多层焊　　　　　图 2-3-5　多层多道焊

工艺分析

单面焊双面成形的操作较难掌握。一般焊接操作时，要避免焊穿，要求在背面形成焊缝，也就是要有控制、有目的地让部分电弧在熔池前端形成"穿透性的孔"，但熔融金属不能从焊缝背面流出去。要在背面形成焊缝，只有在焊接第一层才能实现，即打底焊道；同时还要有合适的装配间隙；另外，由于是单面焊，所以要控制好变形，一般采用反变形法，其反变形量需掌握恰当。打底焊时，熔孔不易观察和控制，焊缝背面易造成未焊透或未熔合；在电弧吹力和熔化金属的重力作用下，背面易产生焊瘤或焊缝超高等缺陷。

【任务实施】

一、焊前准备

（1）安全检查：劳保用品穿戴规范且完好无损；清理工作场地，焊接电缆、焊钳、面罩等工具完好；检查焊机和所使用的电动工具，焊把线接地良好；操作时，必须先戴面罩然后才开始操作，避免电弧光直射眼睛。

（2）场地准备：焊机准备，地线接好，调试焊机，场地清理，焊把线理顺，保持整洁。

二、焊接操作步骤

焊接基本操作步骤：试件准备（下料、坡口加工、焊前清理、调试焊机）→装配与定位焊→焊接工艺参数确定→焊接（打底焊、填充焊、盖面焊）。

1. 试件准备

（1）下料。采用钢板切割机下料，焊件 Q235B 钢板，尺寸为 300 mm×100 mm×12 mm。

（2）机械加工 V 形坡口及打磨。

（3）焊前清理。焊前将坡口两侧 10～20 mm 范围内的油污、锈迹清理打磨干净，直至露出金属光泽。

（4）调试焊机。接通电源，若无异常情况，按照焊接工艺参数初步调节好焊接参数，然后在专用焊接试板上将电流调节到最佳值。

2. 装配与定位焊

（1）焊件装配的各项尺寸如表 2-3-2 所示。

表 2-3-2　焊件装配的各项尺寸

坡口角度/（°）	根部间隙/mm		钝边/mm	反变形角度/（°）	错边量/mm
	始焊端	终焊端			
60±2	3	4	0.5～17	3～4	≤0.5

（2）在焊件两端进行定位焊，定位焊缝长度为 10～15 mm。

3. 焊接工艺参数确定

Q235B 材料 V 形坡口对接平位焊工艺卡如表 2-3-3 所示。

表 2-3-3　Q235B 材料 V 形坡口对接平位焊工艺卡

焊接方法	焊条电弧焊 SMAW		
工件材料、规格	Q235B，300 mm×100 mm×12 mm		
焊材牌号、规格	E4303		
焊接接头	对接		
焊接位置	平位焊		
坡口形式	V 形		
坡口角度/（°）	60±2		
钝边	—		
组对间隙/mm	0～1		

焊后热处理				焊道分布图
种类	—	层间范围	—	
加热方式	—	保温时间	—	
温度范围	—	测量方法	—	

焊接参数					
焊层（道）	焊材直径/mm	焊接电流		电弧电压/V	焊接速度/（mm·min⁻¹）
		极性	范围/A		
1（打底层）	3.2	直流反接	110～120	20～24	14～16
2（填充层）	4.0	直流反接	160～175	20～24	14～16
3（盖面层）	4.0	直流反接	150～165	20～24	12～16

4. 焊接过程

1）打底焊

打底焊是单面焊双面成形的关键，其质量好坏直接影响工件的合格与否。打底层可采用连弧法或者断弧法焊接。

用连弧法焊接打底层。焊条角度如图2-3-6所示，用连弧法焊接打底层的关键有以下几点：

（1）控制引弧位置。打底层从工件左边定位焊的始焊端开始引弧，电弧引燃后稍作停顿预热，然后横向摆动向右施焊，待电弧到达定位焊缝右侧前沿时将焊条下压并稍作停顿，形成熔孔。

（2）控制熔孔大小。在电弧的高温和吹力作用下，工件坡口根部熔化并击穿形成熔孔，如图2-3-7所示。形成熔孔后应将焊条提起至离开熔池约1.5 mm处，即可向右正常施焊。

图2-3-6 焊条角度　　　　　图2-3-7 熔孔示意图

为保证得到良好的背面成形和优质焊缝，打底焊道应采用短弧焊接，运条要均匀，前进的速度不宜过快。熔孔的大小决定背面焊缝的宽度和高度。若熔孔太小，则坡口根部熔合不好；若熔孔太大，则背面焊缝又高又宽，成形较差，且容易烧穿。

（3）焊接接头。打底焊无法避免焊接接头，因此必须掌握好接头技术。焊条即将焊完，需要更换焊条时，将焊条向焊接反方向拉回10～15 mm，并迅速抬起焊条，电弧被拉长至熄灭，这样可把收弧缩孔消除和带到焊道表面，以便在下一根焊条焊接时将其熔化。同时，回拉可使接头处形成一斜面，以便下根焊条接头。

2）填充焊

（1）将打底焊焊缝的焊渣、飞溅物等清除干净，将打底焊层焊缝接头的焊瘤打磨平整。

（2）填充焊时，可采用连续焊，在距焊缝起始端10～15 mm处引弧后，将电弧拉回起始端施焊。每次接头或焊接其他填充层时也都按此方法操作，以防止产生焊接缺陷，如图2-3-8所示。

（3）采用月牙形或横向锯齿形摆动运条，控制好焊道两侧的熔合情况，焊条摆幅加大，在坡口两侧稍加停顿，以保证熔池及坡口两侧温度均衡，并且有利于良好的熔合和排渣。最后一层填充后应比母材表面低0.5～1.5 mm，如图2-3-9所示，并且焊缝中心应稍向下凹，两边与母材交界处要高；注意不能熔化坡口两侧的棱边，确保焊接盖面层时能看清坡口，以保证盖面焊焊缝边缘平直。

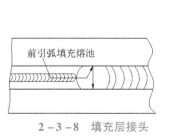

2-3-8 填充层接头

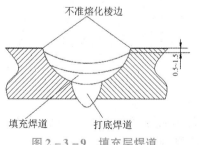

图2-3-9 填充层焊道

3）盖面焊

施焊时，焊条的角度、运条和接头方法与填充层焊接时相同。采用月牙形或"之"字形运条（注意后焊道要压住前焊道 1/2 以上），焊条的摆动幅度、间距和运条速度要均匀一致，熔合好坡口两侧棱边，每侧增宽量为 0.5～1.5 mm。

师傅提示：

单面焊双面成形的本质——电弧穿透打孔焊

单面焊双面成形的关键是打底层的焊接，如果打底焊操作不好，往往会影响背面成形效果。初次接触单面焊双面成形，往往出现如下状况：担心有装配间隙而导致焊穿或在背面形成焊瘤，操作起来胆小，背面常常不会出现焊缝成形，造成未焊透的缺陷。究其原因是没有理解单面焊双面成形的本质——电弧穿透打孔焊，一个电弧两面用，使弧柱的 1/3 在背面燃烧。因此，背面焊缝的形成实质是穿过孔的电弧在背面焊接，从而形成焊缝。为了保证背面的焊透，装配、组对时都必须留有适当的间隙。装配间隙根据不同的焊接位置和操作习惯在焊条直径的 0.8～1.1 倍的范围内选取，连弧法在焊条直径的 0.7～1.0 倍选取。

平位焊中容易出现的缺陷及防止措施如表 2－3－4 所示。

表 2－3－4　平位焊中容易出现的缺陷及防止措施

缺陷名称	产生原因	防止措施
焊接接头不良	换焊条时间长	换焊条速度要快
	收弧方法不当	将收弧处打磨成缓坡状
背面出现焊瘤和未焊透	运条不当	掌握好运条在坡口两侧停留时间
	打底焊时，熔孔尺寸过大产生焊瘤，熔孔尺寸过小产生未焊透	注意熔孔尺寸的变化
咬边	焊接电流太大	适当减小电流
	运条动作不当	运条至坡口两侧时稍作停留
	焊条倾斜角度不合适	掌握好各层焊接时焊条的倾斜角度

三、焊后清理

（1）将焊缝表面及其两侧的飞溅物清理干净（不能破坏焊缝原始状态）。

（2）按"6S"现场管理规定清理操作现场，做好使用记录。

◇**考核评价**

试件质量评分表见附录。

任务描述

识读如图2-4-1所示试件图样,采用焊条电弧焊方法实施管对接水平转动焊。任务属于初级焊接操作技能。

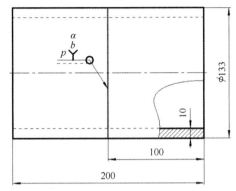

图2-4-1 管对接水平转动焊条电弧焊试件图样

技术要求

(1)试件材料为20G钢管。

(2)接头形式为管对接接头,工件置于焊接操作架上进行水平转动焊。

(3)根部间隙 $b=2.5 \sim 3.2$ mm,坡口角度 $\alpha=60° \pm 2°$,钝边 $p=0 \sim 1$ mm。

(4)要求单面焊双面成形,具体要求参照评分标准。

学习目标 NEW!

(1)能正确选用焊条电弧焊工艺参数。

(2)会制定管对接水平固定焊装焊方法,选择焊接参数。

(3)焊接出合格的管对接水平转动焊工件并达到评分标准的相关要求。

相关知识

一、焊接参数

焊条电弧焊的焊接参数包括:焊条的种类、牌号和直径,焊接电流的种类、极性和大小,电弧电压,焊道层次等。选择合适的焊接参数,对保证焊接质量十分重要。

1.焊条种类和牌号的选择

主要根据母材的性能、接头的刚性和工作条件来选择焊条。焊接一般的碳钢和低合金钢结构时,主要是按等强度原则选择焊条的强度级别,一般可选用酸性焊条,重要结构选用碱性焊条。

2. 焊接电源种类和极性的选择

通常根据焊条的类型选择焊接电源的种类，除低氢型焊条必须采用直流反接外，所有酸性焊条采用交流或直流电源均可以进行焊接。当选用直流电源时，焊厚板宜采用直流正接（即工件接正极），焊薄板时宜采用直流反接（即工件接负极），如图 2-4-2 所示。

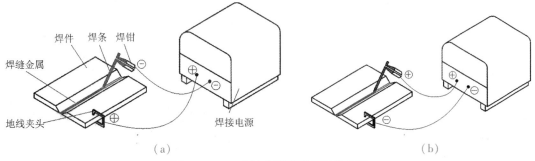

图 2-4-2　直流电弧焊的正接和反接

（a）直流电弧焊的正接；（b）直流电弧焊的反接

3. 焊条直径的选择

为提高生产效率，尽可能地选用直径较大的焊条，但由于直径过大的焊条焊接时，容易造成未焊透或焊缝成形不良等缺陷，选用焊条直径时考虑焊件的位置及厚度，平焊位置或厚度较大的焊件应选用直径较大的焊条，较薄焊件应选用直径较小的焊条。另外，焊接同样厚度的 T 形接头时，选用的焊条直径应比焊对接接头选用的焊条直径大。

4. 焊接电流的选择

焊接电流是焊条电弧焊最重要的焊接参数。焊接电流越大，熔深越大（焊缝宽度和余高变化均不大），焊条熔化快，焊接效率高。但焊接电流太大时，飞溅和烟尘大，药皮易发红和脱落，而且容易产生咬边、焊瘤、烧穿等缺陷；若焊接电流太小，则引弧困难，焊条容易粘连在焊件上，电弧不稳，熔池温度低，焊缝窄而高，熔合不好且易产生夹渣、未焊透等缺陷。

选择焊接电流时，主要考虑的因素有以下几方面：

（1）焊条直径。焊条直径越大，焊接电流越大。每种直径的焊条都有一个最合适的电流范围，可以根据选定的焊条直径用下面的经验公式计算焊接电流，即

$$I = (35 \sim 55)d$$

式中　I——焊接电流（A）；

　　　d——焊条直径（mm）。

（2）焊接位置。在平焊位置焊接时，可选择偏大些的焊接电流。横、立、仰焊位置焊接时，焊接电流应比平焊位置时的小 10% ~ 20%。

（3）焊道层次。通常焊接打底焊道，特别是焊接单面焊双面成形的焊道时，使用较小的焊接电流才便于操作和保证背面焊道的质量；焊接填充焊道时，为提高效率、保证熔合好，通常使用较大的焊接电流；而焊接盖面焊道时，为防止咬边和获得较美观的焊道，使用的电流应稍小些。

5. 电弧电压

　　电弧电压主要影响焊缝的宽窄,电弧电压越高,焊缝越宽。但是在采用焊条电弧焊时,焊缝的宽度主要靠焊条的横向摆动幅度来控制,因此电弧电压的影响不明显。

　　当焊接电流调好后,电焊机的外特性曲线就确定了。实际上,电弧电压由弧长来决定。电弧越长,电弧电压越高;电弧越短,电弧电压越低。但电弧太长时,电弧燃烧不稳,飞溅大,容易产生咬边、气孔等缺陷;若电弧太短,容易粘焊条。通常,电弧长度等于焊条直径的 0.5~1 倍,相应的电弧电压为 16~25 V。碱性焊条的电弧长度应为焊条直径的一半;酸性焊条的电弧长度应等于焊条直径。

6. 焊接速度

　　焊接速度就是单位时间内完成的焊缝长度。焊条电弧焊在保证焊缝具有所要求的尺寸和外形且熔合良好的原则下,焊接速度由焊工根据具体情况灵活掌握。重要结构的焊接常常要规定每根焊条的最小焊接长度。

7. 焊接层数的选择

　　焊接中厚板时,一般要开坡口并采用多层多道焊。对于低碳钢和强度等级低的低合金钢的多层多道焊,每道焊缝的厚度不宜过大,否则对焊缝金属的塑性不利,因此对质量要求较高的焊缝,每层厚度最好不大于 4 mm。同样,每层焊道的厚度不宜过小,否则会因焊接层数增多而不利于提高劳动生产率。根据实际经验,当每层厚度为焊条直径的 0.8~1.2 倍时,生产率较高,并且比较容易保证质量和便于操作。多层焊及多层多道焊如图 2-4-3 所示。

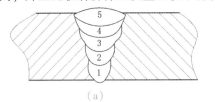
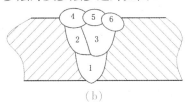

（a）　　　　　　　　　　　　　　　（b）

图 2-4-3　多层焊及多层多道焊

（a）多层焊;（b）多层多道焊

　　管对接水平固定位置焊接又称为管对接全位置焊接,在焊接过程中要经历仰焊、立焊和平焊三个位置,难度较大。焊接时,熔滴和熔池金属在重力作用下容易下淌,为了在焊接过程中有效地控制熔池大小和熔池温度,减少和防止液态金属下淌而产生焊瘤,一般采用较小的焊接参数。同时,在不同的焊接位置采用不同的焊接方法,焊条角度随焊缝曲率变化而不断变化,与管子切线方向成 80°~90°,焊缝分两个半周自下而上完成。

工艺分析

　　管对接水平转动焊是管道焊接中最简单、最容易掌握的方法,相当于平位焊,因此对容易转动的管对接常采用水平转动焊。但是由于管件需要边转动边焊接，如果两只手配合不当，打底焊时在根部易产生焊瘤、烧穿、未焊透等缺陷。

【任务实施】

一、焊前准备

（1）安全检查：劳保用品穿戴规范且完好无损；清理工作场地，焊接电缆、焊钳、面罩等工具完好；检查焊机和所使用的电动工具，焊把线接地良好；操作时，必须先戴面罩然后才开始操作，避免电弧光直射眼睛。

（2）场地准备：焊机准备，地线接好，调试焊机，场地清理，焊把线理顺，保持整洁。

二、焊接操作步骤

焊接基本操作步骤：试件准备（下料、坡口加工、焊前清理、调试焊机）→装配与定位焊→焊接工艺参数确定→焊接（打底焊、填充层、盖面焊）。

1. 试件准备

（1）20G 钢管，尺寸为 $\phi 133$ mm × 100 mm × 10 mm，开 60° 的坡口，用角磨机打磨 0.5 ~ 1 mm 的钝边。

（2）焊前清理。焊前将坡口两侧 10 ~ 20 mm 范围内的油污、锈迹清理打磨干净，直至露出金属光泽。

2. 装配与定位焊

（1）按图样对试件尺寸进行检查。

（2）在装配平台上将两块试样装配，间隙 2.5 ~ 3.2 mm，6 点钟位置为 2.5 mm，12 点钟位置为 3.2 mm，为保证两节钢管焊后的同轴度，错边量不大于 0.5 mm。

（3）定位焊焊缝长为 10 mm（注意仰焊部位不宜定位焊），本项目采用两点定位（定位方式有一点、两点和三点定位，如图 2-4-4 所示）。

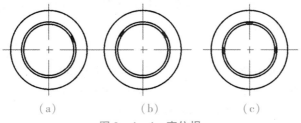

（a）　　　　（b）　　　　（c）

图 2-4-4　定位焊

（a）一点定位；（b）两点定位；（c）三点定位

3. 焊接工艺参数确定

管对接水平转动焊接工艺卡如表 2-4-1 所示。

表 2 – 4 – 1　管对接水平转动焊接工艺卡

焊接方法	焊条电弧焊 SMAW
工件材料、规格	20G，φ133 mm × 10 mm × 100 mm
焊材牌号、规格	E4303
焊接接头	管对接接头
焊接位置	水平转动焊
坡口形式	V 形
坡口角度/（°）	60 ± 2
钝边/mm	0.5 ~ 1
组对间隙/mm	0 ~ 1

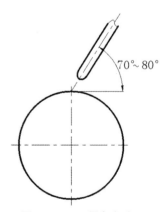

焊后热处理				焊道分布图
种类	—	层间范围	—	
加热方式	—	保温时间	—	
温度范围	—	测量方法	—	

焊接参数

焊层（道）	焊材直径/mm	焊接电流		电弧电压/V	焊接速度/（mm·min⁻¹）
		极性	范围/A		
1（打底层）	3.2	直流反接	90 ~ 110	20 ~ 24	10 ~ 13
2（填充层）	3.2	直流反接	110 ~ 130	20 ~ 24	10 ~ 13
3（盖面层）	3.2	直流反接	100 ~ 120	20 ~ 24	10 ~ 13

4. 焊接操作过程

大管径水平转动焊，当厚度为 10 m 的时候，焊接焊道为四层四道。

1）打底焊

（1）焊接打底层焊缝过程中，一只手转动管件，另一只手握焊钳。焊接电弧处于时钟的 12 点位置，原则上不动，管件坡口转到时钟 12 点位置和焊接电弧接触便开始焊接，焊条角度如图 2 – 4 – 5 所示。

图 2 – 4 – 5　焊条角度

（2）焊接操作手法采用断弧焊一点击穿法。断弧频率 50 ~ 55 次/min，熔孔使坡口两侧的上坡口面各熔化掉 0.5 ~ 1.0 mm，后面熔池搭接前一个熔池的 2/3 左右为宜。

（3）当需要更换焊条头而停弧时，用即将被更换掉的焊条头向熔池后方点弧 2 ~ 4 下，用电弧热加温焊缝收尾处，缓慢降低熔池的温度，将收弧时产生的缩孔消除或带到焊缝表面，以便在新焊条引弧焊接时将其熔化消除。

（4）焊缝接头方法可采用热接法或冷接法。

2）填充焊

（1）用钢丝刷清理干净打底层焊渣，如有局部凸起，则使用錾子和锤子进行修整。

（2）焊接填充层时的焊条角度与焊接打底层时相同，但焊条摆动幅度大些，在坡口两侧停留的时间稍长，应保证焊道平整并略下凹；运条方法以锯齿形为宜；电弧要短，在坡口两侧稍做停顿来稳弧，注意不要破坏坡口的棱边，以保证焊道与母材的熔合良好，如图2-4-6所示。

3）盖面焊

焊接盖面层时采用连弧焊，焊条角度、运条方法和接头方法与填充层相同。焊条摆动幅度和运条速度要均匀一致，熔合好坡口两侧棱边，控制每侧增宽量，如图2-4-7所示。采用锯齿形运条法，横向摆动要小，运条到两侧时要稍作停留，以保证焊道边缘熔合良好，防止产生咬边缺陷。采用短弧焊接，焊接速度不宜过快，以保证焊道层间熔合良好。

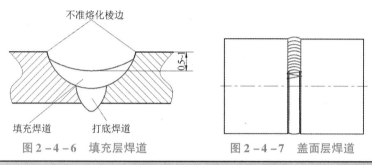

图2-4-6 填充层焊道   图2-4-7 盖面层焊道

师傅提示：

一"看"，二"听"，三"准"

施焊过程中，要注意掌握三个要领："看"就是要注意观察熔池的形状、熔池铁液的颜色、熔渣与铁液的分离、熔孔的大小，确保熔池形状基本一致、熔孔大小均匀，形成美观的焊缝。"听"就是用耳听电弧击穿焊件根部时发出的"扑扑"声，没有这种声音，就意味着焊件未焊透。"准"是要求每次引弧的位置与焊至熔池前沿的位置要准确，如果引弧位置超前，则前后两个焊接熔池搭接过少，背面焊波间距过大，焊波疏密不均，背面焊缝不美观；引弧位置如果拖后，则前后两个焊接熔池搭接过多，打底层焊缝凹凸不平，给盖面层焊缝的焊接造成困难，同时，背面焊波间距不均匀，焊缝成形不美观。

三、焊后清理

（1）将焊缝表面及其两侧的飞溅物清理干净（不能破坏焊缝原始状态）。

（2）按"6S"现场管理规定清理操作现场，做好使用记录。

试件质量评分表见附录。

任务2-5 板对接立焊

任务描述

识读如图2-5-1所示试件图样，采用焊条电弧焊方法实施板对接立焊。任务属于中级焊接操作技能。

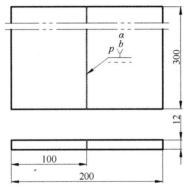

图2-5-1 板厚 12 mm 的 V 形坡口对接立焊实训图样

技术要求

（1）试件材料为 Q235B。
（2）接头形式为板板对接，焊接位置为立位。
（3）根部间隙 $b = 2.5 \sim 4.0$ mm，坡口角度 $\alpha = 60° \pm 2°$，钝边 $p = 0.5 \sim 1$ mm。
（4）要求单面焊双面成形，具体要求参照评分标准。

学习目标

（1）熟悉立焊的概念及操作方法。
（2）掌握板对接单面焊双面成形立焊的操作方法，会制定低碳钢板对接立焊的装焊方法，选择焊接参数。
（3）焊接出合格的板对接立焊工件并达到评分标准的相关要求。

相关知识

一、立焊的概念及操作方法

1. 立焊的概念

立焊是指在垂直方向进行焊接的一种操作方法。

2. 立焊操作方法

立焊有两种操作方法，一种方法由下向上施焊，称之为向上立焊或简称为立焊，这是目前生产中常用的方法；另一种方法是由上向下施焊，称之为向下立焊，这种方法要求采用专用的向下立焊条才能保证焊缝质量。为了保证立焊焊接质量，由下向上焊接可采取以下措施。

（1）在对接立焊时，焊条应与基本金属垂直，同时与施焊前进方向成60°～80°的夹角。在角接立焊时，焊条与两板之间各为45°，向下倾斜10°～30°，如图2-5-2所示。

（2）用较细直径的焊条和较小的焊接电流，焊接电流一般比平位焊小10%～15%。

（3）采用短弧焊接，缩短熔滴金属过渡到熔池的距离。

（4）根据焊件接头形式的特点，选用合适的运条方法。

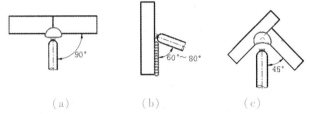

（a）　　　　　　（b）　　　　　　（c）

图2-5-2　立焊时的焊条角度

二、各类型立焊操作要领

1. 对接立焊

对接立焊的工艺参数如表2-5-1所示。

表2-5-1　对接立焊的工艺参数

焊接横断面形式	焊件厚度或焊脚尺寸/mm	第一层焊缝		其他各层焊缝		封底焊缝	
		焊条直径/mm	焊接电流/A	焊条直径/mm	焊接电流/A	焊条直径/mm	焊接电流/A
	2	2	45～55	—	—	2	50～55
	2.5～4	3.2	75～100	—	—	3.2	80～110
	5～6	3.2	80～120	—	—	3.2	90～120
	7～10	3.2	90～120	4	120～160	3.2	90～120
		4	160～210				
	>11	3.2	90～120	4	120～160	3.2	90～120
		4	120～160	5	160～200		
	12～18	3.2	90～120	4	120～160	—	—
		3.2	90～120				
	≥19	3.2	90～120	4	120～160	—	—
		4	120～160	5	160～200		

1）Ⅰ形坡口的对接立焊

进行Ⅰ形坡口的对接立焊时，容易产生焊穿、咬边、金属熔滴下垂或流失等缺陷，这给焊接带来很大困难。因此，一般应选用跳弧法施焊，电弧离开熔池的距离尽可能短些，跳弧的最大弧长不应大于 6 mm。在实际焊接操作过程中，应尽量避免采用单纯的跳弧焊法，有时由于焊条的性能及焊缝条件关系，可采用其他方法与跳弧法配合使用，如图 2 - 5 - 3 所示，这种接头常用于薄板的焊接。

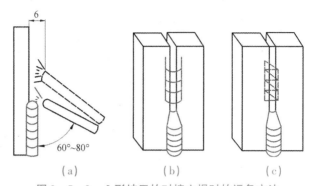

图 2 - 5 - 3　Ⅰ形坡口的对接立焊时的运条方法
（a）直线跳弧法；（b）月牙形跳弧法；（c）锯齿形跳弧法

2）V 形或 U 形坡口的对接立焊

焊接操作中，如果采用多层焊时，层数则由焊件的厚度来决定，每层焊缝的成形都应注意。在打底焊时，应选用直径较小的焊条和较小的焊接电流，对厚板采用小三角形运条法，对中厚板可采用小月牙形或锯齿形跳弧运条法，对各层焊缝都应及时清理焊渣，并检查焊接质量。对于表层焊缝，运条方法可按所需焊缝高度的不同来选择，但运条的速度必须均匀，并在焊缝两侧稍作停留，这样才有利于熔滴的过渡。V 形坡口对接立焊常用的运条方法加图 2 - 5 - 4 所示。

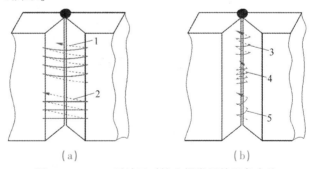

图 2 - 5 - 4　V 形坡口对接立焊常用的运条方法
（a）填充及盖面焊道（b）打底焊道
1—月牙形运条法；2—锯齿形运条法；3—小月牙形运条；4—三角形运条法；5—跳弧运条法

3）T 形接头立焊

T 形接头立焊的工艺参数如表 2 - 5 - 2 所示。

T 形接头立焊容易产生的缺陷是角顶不易焊透，而且焊缝两边容易咬边。为了克服这个缺陷，焊条在焊缝两侧应稍作停留，电弧的长度应尽可能地缩短，焊条摆动幅度应不大于焊缝宽度，为获得质量良好的焊缝，要根据焊缝的具体情况，选择合适的运条方法。常用的运条方法有跳弧运条法、三角形运条法、锯齿形运条法和月牙形运条法等，如图2－5－5所示。

表2－5－2　T形接头立焊的工艺参数

焊接横断面形式	焊件厚度或焊脚尺寸/mm	第一层焊缝		其他各层焊缝		封底焊缝	
		焊条直径/mm	焊接电流/A	焊条直径/mm	焊接电流/A	焊条直径/mm	焊接电流/A
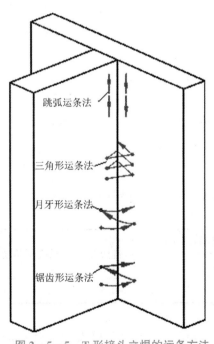	2	2	50~60	—	—	—	—
	3~4	3.2	90~120	—	—	—	—
	5~8	3.2	90~120	—	—	—	—
		4	120~160				
	9~12	3.2	90~120	4	120~160	—	—
		4	120~160				
	—	3.2	90~120	4	120~160	3.2	90~120
		4	120~160				

图2－5－5　T形接头立焊的运条方法

工艺分析

　　板对接立焊主要难点在于熔滴和熔池金属在重力作用下容易下淌，为了减少和防止液态金属下淌而产生焊瘤，焊接时必须采用较小的焊接参数。如果采用多层焊，层数则由工件的厚度确定。打底焊时，应选用直径较小的焊条和较小的焊接电流；中厚板或较薄板可采用小月牙形或锯齿形跳弧运条法，厚板可采用小三角形运条法。各层焊道都应及时清理焊渣，并检查焊道质量。盖面焊的运条方法按所需焊缝高度的不同来选择，运条速度必须均匀，在焊缝两侧稍作停留，这样有利于熔滴的过渡，防止产生咬边等缺陷。

【任务实施】

一、焊前准备

（1）安全检查：劳保用品穿戴规范且完好无损；清理工作场地，焊接电缆、焊钳、面罩等工具完好；检查焊机和所使用的电动工具，焊把线接地良好；操作时，必须先戴面罩然后才开始操作，避免电弧光直射眼睛。

（2）场地准备：焊机准备，地线接好，调试焊机，场地清理，焊把线理顺，保持整洁。

二、焊接操作步骤

焊接基本操作步骤：试件准备（下料、坡口加工、焊前清理、调试焊机）→装配与定位焊→焊接工艺参数确定→焊接（打底焊、填充焊、盖面焊）。

1. 试件准备

（1）20G 钢管，尺寸为 $\phi133$ mm × 100 mm × 10 mm，开 60° 的坡口，用角磨机打磨 0.5 ~ 1 mm 的钝边。

（2）焊前清理。焊前将坡口两侧 10 ~ 20 mm 范围内的油污、锈迹清理打磨干净，直至露出金属光泽。

2. 装配与定位焊

（1）焊件装配的各项尺寸如表 2 - 5 - 3 所示。

表 2 - 5 - 3　焊件装配的各项尺寸

坡口角度/（°）	根部间隙/mm		钝边/mm	反变形角度/（°）	错边量/mm
	始焊端	终焊端			
60 ± 2	3	4	0.5 ~ 1	2 ~ 3	≤ 0.5

（2）在焊件两端进行定位焊，定位焊缝长度为 10 ~ 15 mm。

3. 焊接工艺参数的确定

Q235B 材料 V 形坡口对接立焊的工艺卡如表 2 - 5 - 4 所示。

表 2 - 5 - 4 **Q235B 材料 V 形坡口对接立焊的工艺卡**

焊接方法	焊条电弧焊 SMAW
工件材料、规格	Q235B, 300 mm × 100 mm × 12 mm
焊材牌号、规格	E4303
焊接接头	对接
焊接位置	立焊
坡口形式	V 形
坡口角度/ (°)	60 ± 2
钝边	—
组对间隙/mm	0 ~ 1

焊后热处理				焊接工艺流程
种类	—	层间范围	—	1. 试件准备（下料、开坡口、焊前清理）
加热方式	—	保温时间	—	2. 试件装配、定位焊
温度范围	—	测量方法	—	3. 焊接工艺参数选择及调试
焊接参数				4. 焊接（打底焊、填充焊、盖面焊）

焊层 （道）	焊材 直径/mm	焊接电流		电弧电压 /V	焊接速度/ (mm·min⁻¹)	5. 清理试件, 整理现场
		极性	范围/A			
1（打底层）	3.2	直流反接	100 ~ 110	20 ~ 24	14 ~ 16	
2（填充层）	3.2	直流反接	105 ~ 115	20 ~ 24	14 ~ 16	
3（盖面层）	3.2	直流反接	95 ~ 105	20 ~ 24	12 ~ 16	

4. 焊接操作过程

1）打底焊

将装配好的试件垂直固定在离地面一定距离的工艺装备上，间隙小的一端在下，从间隙小的一端向上施焊，焊条和水平方向的夹角为90°，与垂直方向的夹角为70°~80°。对于初学者一般采用灭弧法。

（1）引弧施焊。

先在定位焊缝上引弧，引燃后稍向下拉，从最下部开始预热，弧长 3 ~ 4 mm，电弧从一坡口面缓慢向另一坡口面运动，不可过快。在这个过程中，开始时电弧应稍长，然后逐渐压低，电弧摆动2或3个来回完成预热，当电弧到达定位焊缝前沿时，立即向工件背面压送焊条，击穿定位焊缝与坡口根部的连接处，建立第一个熔池，然后迅速灭弧。灭弧时一定要快，要果断，以减少飞溅及防止熔池下淌。电弧熄灭后，焊条立即沿灭弧时的轨迹向回运动，在离熔池几毫米处停留，在面罩下观察熔池，待熔池冷却形成的亮点要消失的瞬间再在熔池前方灭弧一侧引燃电弧，并对准坡口根部中心向背面压送焊条，当听到击穿坡口根部的"噗噗"声并形成熔池后立即灭弧，转入有节奏的电弧引燃→击穿→灭弧的正常焊接。电弧引燃、灭弧的频率为 40 ~ 50 次/min，击穿坡口根部时，背面应透过 1/3 ~ 1/2 电弧。

（2）熔孔控制。

对于灭弧法打底，应保持同样的操作频率，以保证熔孔大小的一致性，其次就是保证每次引弧位置的准确性，只有做到这两点，熔孔的大小才能够被很好地控制。立焊时的熔孔位置及大小如图 2 - 5 - 6 所示。

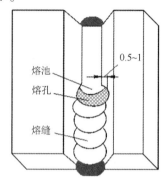

图 2 - 5 - 6 立焊时的熔孔位置及大小

（3）收弧及接头。

打底层焊接的关键是接头，正确接头是保证焊接质量的重要环节。未掌握好接头方法，易产生夹渣、气孔、缩孔和焊道脱节等缺陷。正确的收弧方法是保证良好接头的重要条件，正确的收弧方法是在断弧前将焊条下压，熔孔稍增大后再将电弧向下拉 10 mm 左右带弧后灭弧，这样可防止收弧处产生缩孔并形成斜坡，为接头打好基础。

2）填充焊

（1）彻底清除前道焊缝的焊渣、飞溅物；焊缝接头过高部分打磨平整。

（2）填充层可以焊一层一道或两层两道。施焊时的焊条角度应比打底焊时下倾 10° ~ 15°；采用月牙形或"之"字形运条，坡口两侧稍作停顿，焊缝中间速度稍快；摆动幅度逐渐增大，在坡口两侧稍停顿，加快焊条摆动速度；各层焊道应平整或呈凹形。填充层焊缝的厚度应低于坡口表面 1 ~ 1.5 mm。

（3）填充层焊接接头时，在弧坑上方 10 mm 处引弧，电弧拉至弧坑处，沿弧坑的形状将弧坑填满，再正常焊接。填充焊的运条方法如图 2 - 5 - 7 所示。

3）盖面焊

（1）彻底清除前道焊缝的焊渣、飞溅物；焊缝接头过高部分打磨平整。

（2）盖面层运条方法与焊接填充层相同，但焊条的摆动幅度比焊接填充层摆动幅度大，运条速度要均匀（见图 2 - 5 - 8），当电弧摆到坡口两侧时，眼睛应密切注意坡口，电弧应熔化坡口两侧 0.5 ~ 1.0 mm，并在坡口两侧稍作停顿，防止产生咬边。

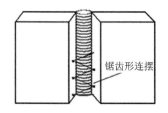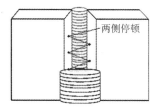

图 2 - 5 - 7　板对接立焊填充焊运条方法　图 2 - 5 - 8　板对接立焊盖面焊运条方法

师傅提示：

　　板对接立焊的操作要领可以归纳为"一看、二听、三准"。

　　看：观察熔池形状和熔孔大小，并基本保持一致。熔池形状为椭圆形，熔池前端应有一个深入母材两侧坡口根部 0.5 ~ 1 mm 的熔孔。当熔孔过大时，应减小焊条与试板的下倾角；让电弧多压往熔池，少在坡口上停留。当熔孔过小时，应压低电弧，增大焊条与试板的下倾角。

　　听：注意听电弧击穿坡口根部发出的"噗噗"声，如没有这种声音，就是没焊透。一般保持焊条顶端离坡口根部 1.5 ~ 2 mm 为宜。

　　准：施焊时，熔孔的位置要把握准确。焊条的中心要始终对准熔池前端与母材的交界处，使每个熔池与前一个熔池搭接 2/3 左右，并始终保证弧柱有 1/3 ~ 1/2 在背面燃烧，以加热和击穿坡口根部，保证背面焊缝的熔合。

　　立焊中容易出现的缺陷及防止措施如表 2 - 5 - 5 所示。

表 2 - 5 - 5　立焊中容易出现的缺陷及防止措施

缺陷名称	产生原因	防止措施
焊缝成形不好	熔化金属受重力作用容易下淌	采用小直径焊条，短弧焊接
	运条时焊条角度不当	焊条角度应有利于托住熔池，保持熔滴过渡
焊瘤	熔化金属受重力作用下淌	铲除焊瘤
	熔池温度过高	注意熔池温度的变化，若熔池温度过高应立即灭弧或向上挑弧

三、焊后清理

（1）将焊缝表面及其两侧的飞溅物清理干净（不能破坏焊缝原始状态）。

（2）按"6S"现场管理规定清理操作现场，做好使用记录。

考核评价

试件质量评分表见附录。

识读如图2-6-1所示试件图样，采用焊条电弧焊方法实施板对接横焊。任务属于中级焊接操作技能。

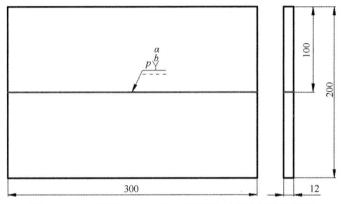

图2-6-1　板厚12 mm的V形坡口对接横焊试件图样

技术要求

（1）试件材料为Q235B。

（2）接头形式为板板对接，焊接位置为横位。

（3）根部间隙 $b = 3.2 \sim 4.0$ mm，坡口角度 $\alpha = 60° \pm 2°$，钝边 $p = 0.5 \sim 1$ mm。

（4）要求单面焊双面成形，具体要求参照评分标准。

学习目标

（1）熟悉横焊的概念及操作方法。

（2）掌握板对接单面焊双面成形横焊的操作方法，选择焊接参数。

（3）制作出合格的板对接横焊工件并达到评分标准的相关要求。

相关知识

一、横焊的概念及工艺参数

1. 横焊的概念

横焊是指在垂直面上焊接水平位焊缝的一种操作方法。

2. 对接横焊的工艺参数如表2-6-1所示。

表2-6-1 对接横焊的工艺参数

焊接横断面形式	焊件厚度或焊脚尺寸/mm	第一层焊缝		其他各层焊缝		封底焊缝	
		焊条直径/mm	焊接电流/A	焊条直径/mm	焊接电流/A	焊条直径/mm	焊接电流/A
	2	2	45~55	—	—	2	50~55
	2.5	3.2	75~110	—	—	3.2	80~110
	3~4	3.2	80~120	—	—	3.2	90~120
		4	120~160	—	—	4	120~160
	5~8	3.2	80~120	3.2	90~120	3.2	90~120
				4	120~160	4	120~160
	>9	3.2	90~120	4	140~160	3.2	90~120
		4	140~160			4	120~160
	14~18	3.2	90~120	4	140~160	—	—
		4	140~160				
	>19		140~160	—		140~160	

二、常见横焊类型及其焊接操作要领

横焊有Ⅰ形坡口的对接横焊、V形或K形坡口的对接横焊。

1. Ⅰ形坡口的对接横焊

当板厚为3~5 mm时，可采用Ⅰ形坡口的对接双面焊。在正面焊时，可选用直径为3.2~4 mm的焊条。施焊时焊条的角度如图2-6-2所示。

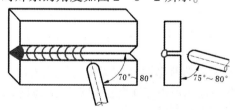

图2-6-2 Ⅰ形坡口对接横焊时焊条角度

如果焊件较薄，则可用直线往返形运条法焊接，使熔池中的熔化金属有机会凝固，可以防止焊穿。如果焊件较厚，则可采用短弧直线形或小斜圆圈形运条法焊接，得到合适的熔深。焊接速度应稍快些且要均匀，避免焊条的熔化金属过多地聚集在某一点上形成焊瘤和焊缝上部的咬边等缺陷。在打底焊时，宜选用细焊条，一般选直径3.2 mm的焊条，电流稍大些，用直线运条法焊接。

2. V形或K形坡口的对接横焊

横焊的坡口一般为V形或K形，其坡口的特点是下板不开或下板所开坡口角度小于上板，如图2-6-3所示，这样有利于焊缝成形。

V 形或 K 形坡口对接横焊时的焊接层次和焊条角度如图 2 – 6 – 4 所示。

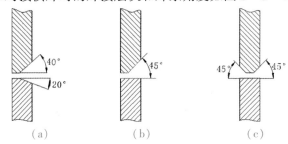

图 2 – 6 – 3 V 形或 K 形坡口对接横焊时焊条角度
（a）V 形坡口；（b）单边 V 形坡口；（c）K 形坡口

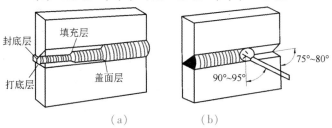

图 2 – 6 – 4 V 形或 K 形坡口对接横焊时的焊接层次和焊条角度
（a）K 形坡口；（b）V 形坡口

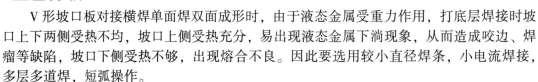工艺分析

V 形坡口板对接横焊单面焊双面成形时，由于液态金属受重力作用，打底层焊接时坡口上下两侧受热不均，坡口上侧受热充分，易出现液态金属下淌现象，从而造成咬边、焊瘤等缺陷，坡口下侧受热不够，出现熔合不良。因此要选用较小直径焊条，小电流焊接，多层多道焊，短弧操作。

【任务实施】

一、焊前准备

（1）安全检查：劳保用品穿戴规范且完好无损；清理工作场地，焊接电缆、焊钳、面罩等工具完好；检查焊机和所使用的电动工具，焊把线接地良好；操作时，必须先戴面罩然后才开始操作，避免电弧光直射眼睛。

（2）场地准备：焊机准备，地线接好，调试焊机，场地清理，焊把线理顺，保持整洁。

二、焊接操作步骤

焊接基本操作步骤：试件准备（下料、坡口加工、焊前清理、调试焊机）→装配与定位焊→焊接工艺参数确定→焊接（引弧、打底焊、填充焊、盖面焊）。

1. 试件准备

（1）20G 钢管，尺寸为 $\phi133$ mm × 100 mm × 10 mm，开 60° 的坡口，用角磨机打磨

0.5 ~ 1 mm 的钝边。

（2）焊前清理。焊前将坡口两侧 10 ~ 20 mm 范围内的油污、锈迹清理打磨干净，直至露出金属光泽。

2. 试件准备

（1）焊件装配的各项尺寸如表 2 - 6 - 2 所示。

表 2 - 6 - 2　焊件装配的各项尺寸

坡口角度/（°）	根部间隙/mm		钝边/mm	反变形角度/（°）	错边量/mm
	始焊端	终焊端			
60 ± 2	3.2	4	0.5 ~ 1	6 ~ 8	≤ 0.5

（2）在焊件两端进行定位焊，定位焊缝长度为 10 ~ 15 mm。

3. 焊接工艺参数的确定

Q235B 材料 V 形坡口对接横焊的工艺卡如表 2 - 6 - 3 所示。

表 2 - 6 - 3　Q235B 材料 V 形坡口对接横焊的工艺卡

焊接方法	焊条电弧焊 SMAW	
工件材料、规格	Q235B，300 mm × 100 mm × 12 mm	
焊材牌号、规格	E4303	
焊接接头	对接	
焊接位置	横焊	
坡口形式	V 形	
坡口角度/（°）	60 ± 2	
钝边	0.5 ~ 1	
组对间隙/mm	0 ~ 1	

焊后热处理				焊接工艺流程
种类	—	层间范围	—	1. 试件准备（下料、开坡口、焊前清理）
加热方式	—	保温时间	—	2. 试件装配、定位焊
温度范围	—	测量方法	—	3. 焊接工艺参数选择及调试

焊接参数						4. 焊接（打底焊、填充焊、盖面焊）
焊层（道）	焊材直径/mm	焊接电流		电弧电压/V	焊接速度/（mm·min⁻¹）	5. 清理试件，整理现场
		极性	范围/A			
1（打底层）	3.2	直流反接	85 ~ 90	20 ~ 24	14 ~ 16	连弧法
	3.2	直流反接	100 ~ 130	20 ~ 24	14 ~ 16	灭弧法
2（填充层）	3.2	直流反接	120 ~ 140	20 ~ 24	14 ~ 16	
3（盖面层）	3.2	直流反接	120 ~ 125	20 ~ 24	12 ~ 16	

4. 焊接操作过程

1）打底焊

（1）将装配好的试件横向夹持固定在工艺装备上（距离地面高度约600 mm），将焊件间隙窄的一端放在操作者左侧，从焊件间隙窄的一端引弧。采用连弧法或灭弧法打底，焊条与下试件夹角为80°~90°，如图2-6-5所示。

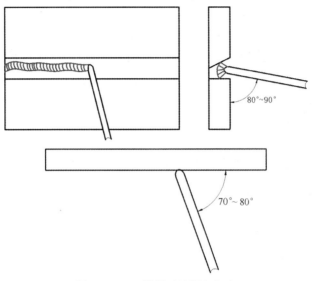

图2-6-5　横焊时的焊条角度

（2）灭弧法打底时，在定位焊点前端引弧，随后将电弧拉到定位焊点的尾部预热，当坡口钝边即将熔化时，将熔滴送至坡口根部，并垂直压送焊条，使定位焊缝和坡口钝边熔合成第一个熔池。当听到背面有电弧击穿声时立即灭弧，这时就形成明显的熔孔。随后按先上坡口、后下坡口的顺序依次往复实施击穿灭弧法。焊条在上侧坡口的停顿时间稍长于下侧坡口，熔孔熔入坡口上侧的尺寸略大于下坡口。

（3）连弧法打底时，先在施焊部位的上侧坡口面引弧，待根部钝边熔化后再将电弧带到下部钝边，形成第一个熔池后再打孔焊接，并立即采用斜圆圈形运条法运条。

（4）焊缝接头采用热接法或冷接法焊接。收弧时，焊条向焊接反方向的下坡口面回拉10~15 mm逐渐抬起焊条，形成缓坡；在距弧坑前约10 mm的上坡口面将电弧引燃，电弧移至弧坑前沿时，压向焊道背面，稍作停顿，形成熔孔后，电弧恢复到正常焊接角度，再继续施焊。冷接法焊接前，先将收弧处的焊缝打磨成缓坡，再按热接法的引弧位置和操作方法焊接。

2）填充焊

（1）将打底层的熔渣、飞溅物等清除干净，焊缝过高的部分打磨平整。

（2）第一填充焊道为单层单道，焊条的角度与打底层相同，但摆幅稍大。必须保证打底焊道表面及上下坡口面处熔合良好，焊道表面平整。

（3）第二层填充焊道有两条焊道。其焊条角度如图2-6-6所示。焊第二层下面的填充焊道时，电弧对准第一层填充焊道的下沿，并稍做摆动，使熔池能压住第二层焊道的1/2~2/3。焊第二层上面的填充焊道时，电弧对准第一层填充焊道的上沿，并稍做摆动，使熔池正好填满空余位置，使表面平整。填充层焊缝焊完后，其表面应距下坡口表面约

2 mm，距上坡口表面约0.5 mm，不要破坏坡口两侧的棱边，为盖面层施焊打好基础。

　　3）盖面焊

　　盖面焊的焊条角度如图2-6-7所示。焊条与焊接方向的角度与打底焊时相同，盖面焊缝共三道，依次从下往上焊接。焊盖面层时，焊条摆幅和焊接速度要均匀，采用较短的电弧。每条盖面焊道要压住前一条填充焊道的2/3。

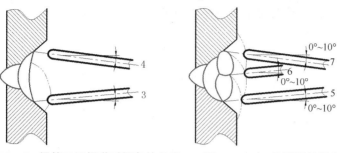

图2-6-6　焊第二层焊道时焊条的角度　　图2-6-7　盖面焊的焊条角度

　　焊接最下面的焊道时，要注意观察焊件坡口下边的熔化情况，保持坡口边缘均匀熔化，并避免产生咬边、未熔合等情况。

　　焊中间的盖面焊道时，要注意控制电弧位置，使熔池的下沿在上一条盖面焊道的1/2～2/3处。

　　焊上面的盖面焊道时，操作不当容易产生咬边、液态金属下淌。施焊时应适当增大焊接速度或减小焊接电流，将液态金属均匀地熔合在坡口的上边缘，适当地调整运条速度和焊条角度，避免铁液下淌、产生咬边，可获得整齐、美观的焊缝。

师傅提示：

　　1. 横焊灭弧勾。

　　横焊灭弧勾，即横焊时焊条在坡口根部上侧引弧，熔化上侧边后斜拉至坡口根部下侧，待下侧边熔化形成完整熔池后回勾灭弧，此运条过程即为回勾，如此反复，直至完成整条焊缝的焊接。

　　2. 横焊的左焊法。

　　横焊操作时，由于熔融金属的重力作用，熔滴在向焊件过渡时容易偏离焊条轴线而向下偏斜，为避免熔池金属下溢过多，操作中焊条除保持一定的下倾角外，还可采用左焊法，即从右边向左边焊接。焊条前倾角大于后倾角，使电弧热量转移向前边未焊焊道（同时预热前边未焊焊道，提高焊接速度和效率），以减小输入熔池的电弧热量，加快熔池冷却，避免熔池存在时间过长导致熔滴下淌，形成焊瘤等缺陷。

　　横焊中容易出现的缺陷及防止措施如表2-6-4所示。

表2-6-4 横焊中容易出现的缺陷及防止措施

缺陷名称	产生原因	防止措施
焊缝上侧咬边、下侧焊瘤	熔化金属受重力作用下淌	采用斜圆圈形运条，且每个斜圆圈形与焊缝中心的斜度不得大于45°
熔化金属受重力作用下淌	熔化金属受重力作用下淌	运条时，电弧在上坡口停留时间比下坡口停留时间稍长

三、焊后清理

（1）将焊缝表面及其两侧的飞溅物清理干净（不能破坏焊缝原始状态）。

（2）按"6S"现场管理规定清理操作现场，做好使用记录。

考核评价

试件质量评分表见附录。

任务 2 - 7　骑坐式管板垂直俯位焊

任务描述

识读如图 2 - 7 - 1 所示试件图样，采用焊条电弧焊方法实施管板对接俯位焊，任务属于中级焊接操作技能。

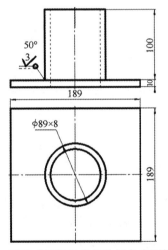

图 2 - 7 - 1　骑坐式管板垂直俯位焊条电弧焊实训图样

（1）试件材料为 Q235B。

（2）接头形式为管板对接，焊接位置为俯位焊。

（3）根部间隙 $b = 3.2 \sim 4.0$ mm，坡口角度 $\alpha = 50° \pm 2°$，钝边 $p = 0.5 \sim 1$ mm。

（4）要求单面焊双面成形，具体要求参照评分标准。

学习目标

（1）熟悉焊条电弧焊时必须备有相应的各种工具。

（2）掌握骑坐式管板垂直俯位焊的操作方法，选择焊接参数。

（3）焊接出合格的骑坐式管板垂直俯位焊工件并达到评分标准的相关要求。

为保证焊接过程的顺利进行，保障焊工的安全，焊条电弧焊时必须备有相应的各种工具，如电缆线、焊钳、面罩和辅助工具等。

一、电缆线

电缆线是连接焊机与焊钳、焊机与焊件的导线，其作用是传导焊接电流。电缆线应柔软，具有良好的导电性能，外表应有良好的绝缘层。在工作过程中应防止电缆线被烫坏，电缆线外皮如有破损，应及时用绝缘胶布包好或更换，以避免发生触电事故。

二、焊钳

焊钳是用于夹持焊条并传导焊接电流以进行焊接的工具。焊钳应具有良好的导电性，接触电阻要小，具有良好的隔热性能；夹持焊条要牢固、方便。要经常清除钳口上的焊渣，以减小电阻、降低热量、延长使用寿命。焊钳根据焊条直径与焊接电流大小常有 250 A、300 A 和 500 A 三种规格。

三、面罩

面罩是防止焊接时的飞溅、弧光及熔池和焊件的高温对焊工面部及颈部灼伤的一种遮蔽工具。使用面罩时应注意以下几点：

（1）面罩不能随便乱丢或受重压。

（2）面罩必须有护目玻璃才能使用，不能使用漏光面罩。面罩内的护目玻璃是特制的化学玻璃，为使其不受损害，当没有白玻璃保护护目玻璃时不得使用。

（3）面罩不能受潮或雨淋，以防变形。

四、辅助工具

焊条电弧焊辅助工具包括角磨机、敲渣锤和钢丝刷等。

1. 角磨机

角磨机是用来修磨焊缝的一种专用工具，使用角磨机时不能戴手套，必须戴护目眼镜，并注意不要用力过猛，以防砂轮片破碎飞出伤人。要注意飞溅方向，不能对着他人和自己，要注意防止砂轮片割伤电源线，防止触电。

2. 敲渣锤和钢丝刷

敲渣锤和钢丝刷的作用是清理焊缝表面、焊缝层间的焊渣及焊件上的铁锈、油污。

工艺分析

管板接头是锅炉压力容器结构的基本形式之一。根据接头形式不同，可分为插入式管板和骑坐式管板两类。插入式管板只需保证焊脚对称、表面无缺陷，较容易焊接。骑坐式管板焊接除保证焊缝外观质量外，还要保证焊缝背面成形（通常采用多层多道焊，用打底焊保证焊缝背面成形），其余焊道保证焊脚尺寸和焊缝外观。

管板焊接，实际上是 T 形接头焊接的特例，操作要领与板式 T 形接头相似，所不同的是管板焊缝在管子的圆周根部，因此焊接时要不断地转动手臂和手腕的位置，才能防止管子咬边和焊脚不对称。

【任务实施】

一、焊前准备

（1）安全检查：劳保用品穿戴规范且完好无损；清理工作场地，焊接电缆、焊钳、面罩等工具完好；检查焊机和所使用的电动工具，焊把线接地良好；操作时，必须先戴面罩然后才开始操作，避免电弧光直射眼睛。

（2）场地准备：焊机准备，地线接好，调试焊机，场地清理，焊把线理顺，保持整洁。

二、焊接操作步骤

焊接基本操作步骤：试件准备（下料、坡口加工、焊前清理、调试焊机）→装配与定位焊→焊接工艺参数确定→焊接（打底焊、填充焊、盖面焊）。

1. 试件准备

（1）Q235B 钢板，尺寸为 189 mm×189 mm×10 mm，钻孔后，铣削 ϕ73 mm 的孔；Q235B 管件，尺寸为 89 mm×8 mm×100 mm，用车床车削 50°的坡口，用角磨机打磨 0.5～1 mm 的钝边。

（2）焊前清理。焊前将坡口两侧 10～20 mm 范围内的油污、锈迹清理打磨干净，直至露出金属光泽。

2. 装配与定位焊

（1）按图样对试件尺寸进行检查。

（2）在装配平台上将两块试件装配，间隙 3～4 mm，调整试件管子内壁与孔板同轴度，无错边。

（3）定位焊缝可采用三点点固（见图 2-7-2），每一点的定位焊焊缝长度不超过 10 mm。装配定位焊后的试件管子内壁有板孔保证同心，不错边。

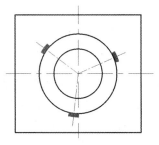

图 2 − 7 − 2　定位焊缝位置

3. 焊接工艺参数的确定

骑坐式管板垂直俯位焊接的工艺卡如表 2 − 7 − 1 所示。

表 2 − 7 − 1　骑坐式管板垂直俯位焊接的工艺卡

焊接方法	焊条电弧焊 SMAW	
工件材料、规格	Q235B，189 mm × 189 mm × 10 mm，钻 ϕ73 mm 孔；ϕ89 mm × 8 mm × 100 mm	
焊材牌号、规格	E4303	
焊接接头	骑坐式管板角接触接头	
焊接位置	平角焊	
坡口形式		
坡口角度/（°）	50 ± 2	
钝边/mm	0.5 ~ 1	
组对间隙/mm	0 ~ 1	

焊后热处理				焊接工艺流程
种类	—	层间范围	—	1. 试件准备（下料、开坡口、焊前清理）
加热方式	—	保温时间	—	2. 试件装配、定位焊
温度范围	—	测量方法	—	3. 焊接工艺参数选择及调试

4. 焊接（打底焊、填充焊、盖面焊）

焊层（道）	焊材直径/mm	焊接电流		电弧电压/V	焊接速度/(mm·min⁻¹)	5. 清理试件，整理现场
		极性	范围/A			
1（打底层）	3.2	直流反接	80 ~ 90	20 ~ 24	14 ~ 16	连弧法
	3.2	直流反接	110 ~ 120	20 ~ 24	14 ~ 16	灭弧法
2（填充层）	3.2	直流反接	120 ~ 130	20 ~ 24	14 ~ 16	
3（盖面层）	3.2	直流反接	110 ~ 120	20 ~ 24	12 ~ 16	

4. 焊接操作过程

焊接焊道为三层四道,垂直俯位焊焊道分布如图2-7-3所示。

1)打底焊

为保证根部焊透,防止烧穿和产生焊瘤,俯位焊打底焊的焊条角度如图2-7-4所示。在左侧定位焊缝上引弧,稍预热后向右移动焊条,当电弧到达定位焊缝前端时,往前送焊条,待形成熔孔后,稍向后退焊条,保持短弧,并开始小幅度地做锯齿形运条,电弧在坡口两侧稍停留,然后进行正常焊接。

焊接时电弧要短,焊接速度不宜过大,电弧在坡口根部稍停留,电弧的1/3保持在熔孔处,2/3覆盖在熔池上,同时要保持熔孔的大小基本一致,避免焊根处产生未熔合、未焊透、背面焊道太高或产生烧穿或焊瘤。焊接过程中应根据实际位置,不断地转动手臂和手腕,使熔池与管子坡口面和孔板上表面连在一起,并保持均匀的速度运动。待焊条快焊完时,电弧迅速向后拉,直至电弧熄灭,使弧坑处呈斜面。

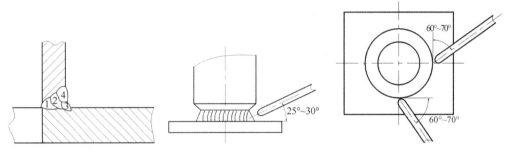

图2-7-3 垂直俯位焊焊道分布　　　图2-7-4 俯位焊打底焊的焊条角度

2)填充焊

(1)将打底焊道清理干净,并将焊道局部凸起处磨平。

(2)焊条角度比打底焊大一些,焊条与板的夹角为45°~50°,前倾角为80°~85°,如图2-7-5所示。填充层只焊一道,采用锯齿形上下摆动运条,使两侧坡口熔合良好、焊道平整,不能过宽和过高,为焊接盖面层打好基础。

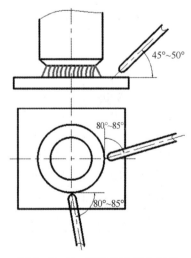

图2-7-5 填充焊的焊条角度

3）盖面焊

（1）施焊前应将填充焊道的焊渣清理干净，并将焊道局部凸起处磨平。

（2）盖面层的焊条角度如图 2 - 7 - 6 所示。焊接焊道 3 时采用直线形运条法，注意焊道应与板熔合良好。

（3）焊接焊道 4 时同样采用直线形运条法，焊道与管壁表面熔合良好，防止产生咬边。同时，焊道 4 应覆盖焊道 3 表面 1/3 或 1/2，防止盖面层焊道中间形成凹槽。

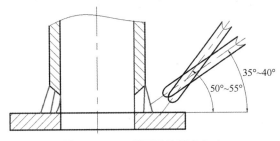

图 2 - 7 - 6　盖面层的焊条角度

师傅提示：

　　打底时，焊缝中间的接头一般用热接法。更换焊条前，电弧回焊并熄弧，使气体彻底逸出并使弧坑处形成斜坡。热接时，换焊条要快，在熔池还处于红热状态时引燃电弧（面罩观察熔池呈一个亮点）。在弧坑前 10 ~ 15 mm 处引弧，并拉到弧坑前沿，重新形成熔孔后继续焊接。若采用冷接，应将前面焊缝的尾部用砂轮打磨成斜面后，再衔接并实施后续焊接。

焊接中容易出现的缺陷及防止措施如表 2 - 7 - 2 所示。

表 2 - 7 - 2　焊接中容易出现的缺陷及防止措施

缺陷名称	产生原因	防止措施
打底层易夹渣及熔合不好	管、板厚度差异，散热不均匀	运条速度和前进速度均匀一致，并控制熔孔尺寸大小一致
盖面层咬边	焊接电流太大	适当减小焊接电流
	运条动作不对	掌握好运条横向摆动到两边的停留时间

三、焊后清理

（1）将焊缝表面及其两侧的飞溅物清理干净（不能破坏焊缝原始状态）。

（2）按"6S"现场管理规定清理操作现场，做好使用记录。

◇ 考核评价

试件质量评分表见附录。

识读如图 2 - 8 - 1 所示试件图样，采用焊条电弧焊方法实施管对接水平固定焊。任务属于中级焊接操作技能。

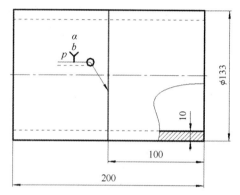

图 2 - 8 - 1　管对接水平固定焊条电弧焊实训图样

技术要求

（1）试件材料为 20G 钢管。

（2）接头形式为管对接接头，焊接位置为水平固定向上焊。

（3）根部间隙 $b = 2.5 \sim 3.2\ \text{mm}$，坡口角度 $\alpha = 60° \pm 2°$，钝边 $p = 0 \sim 1\ \text{mm}$。

（4）要求单面焊双面成形，具体要求参照评分标准。

学习目标 NEWS

（1）了解焊条的组成、作用、选用原则。

（2）掌握管对接水平固定焊操作，选择焊接参数。

（3）焊接出合格的管对接水平固定焊工件并达到评分标准的相关要求。

相关知识

一、焊条的组成及作用

焊条由药皮和焊芯组成。焊条的构造如图 2 - 8 - 2 所示。焊条前端药皮有 45°左右的倒角，以便于引弧；尾部有 15 ~ 25 mm 长的裸焊芯，叫作夹持端，用于焊钳夹持并利于导电。焊条直径是指焊芯直径，是焊条的重要尺寸。焊条的长度依焊条直径而定，在 200 ~ 650 mm。生产中应用最多的是 $\phi3.2\ \text{mm}$、$\phi4.0\ \text{mm}$、$\phi5.0\ \text{mm}$ 三种，长度分别为350 mm、400 mm 和 450 mm。

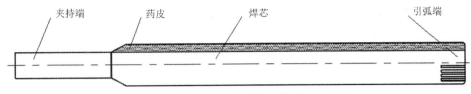

夹持端　　　药皮　　　焊芯　　　引弧端

图 2 - 8 - 2　焊条的构造

1. 焊芯

焊芯采用焊接专用钢丝制成，是经过特色冶炼而成，该焊接专用钢丝称为焊丝。焊芯的作用如下：

（1）作为电极，传导焊接电流，产生电弧。

（2）作为填充金属，与熔化的母材金属共同组成焊缝金属，占整个焊缝金属的50% ~ 70% 。

（3）添加合金元素。

焊芯的牌号用"H"，表示"焊"的意思，后面的数字表示含碳量，其他合金元素含量的表示方法与钢号大致相同。质量水平不同的焊芯在最后标示一定符号以示区别。

2. 药皮

1）药皮的作用

（1）改善焊接工艺性能，易引弧和再引弧，稳弧性好，减少飞溅，使焊缝成形美观。

（2）机械保护作用，气保护和渣保护。

（3）冶金处理作用。去除有害杂质（如 O、H、S、P 等），添加有益元素。

2）药皮的组成

焊条的药皮成分比较复杂，根据不同用途，其组成成分及主要作用如表 2 - 8 - 1 所示。

表 2 - 8 - 1　焊条药皮组成物的名称、组成成分及主要作用

名称	组成成分	主要作用
稳弧剂	碳酸钾、碳酸钠、钾硝石、水玻璃及大理石或石灰石、花岗石、钛白粉等	改善焊条的引弧性能和提高焊接电弧稳定性
造渣剂	钛铁矿、赤铁矿、金红石、长石、大理石、石英、花岗石、萤石、菱苦土、锰矿、钛白粉等	形成具有一定物理、化学性能的熔渣，起良好的机械保护作用和冶金处理作用
造气剂	分为有机物和无机物两类。无机物常用碳酸盐类矿物，如大理石、菱镁矿、白云石等；有机物常用木粉、纤维素、淀粉等	形成保护气氛，有效地保护焊缝金属，同时也有利于熔滴过渡
脱氧剂	锰铁、硅铁、钛铁等	对熔渣和焊缝金属进行脱氧
黏结剂	水玻璃或树胶类物质	将药皮牢固地黏结在焊芯上
合金元素	铬、钼、锰、硅、钛、钨、钒的铁合金和铬、锰等纯金属	向焊缝金属中掺入必要的合金成分，以补偿已经烧损或蒸发的合金元素和补加特殊性能要求的合金元素

焊条药皮中的许多物质往往同时起几种作用。例如大理石既有稳弧作用，又是造气剂和造渣剂。某些铁合金（如锰铁、硅铁）既可作脱氧剂，又可作合金化元素。水玻璃虽然主要用作黏结剂，但实际上也是稳弧剂和造渣剂。

二、焊条的分类

1. 按焊条用途分

有结构钢焊条（结×××或 J×××）、不锈钢焊条（铬×××或 G×××，奥×××或 A×××）、铜及铜合金焊条（铜×××或 T×××）等，共有 10 种，对金属支架的焊接来说，可以采用结构钢焊条。

2. 按熔渣特性分

即按焊条药皮熔化后熔渣特性分，有酸性焊条和碱性焊条。

1）酸性焊条

其药皮的主要成分是氧化铁、氧化锰、氧化钛以及其他在焊接时易放出氧的物质，药皮里的有机物为造气剂，焊接时产生保护气体。酸性焊条有 J422（E4303）。

2）碱性焊条

其药皮的主要成分是大理石和萤石，并含有较多的铁合金作为脱氧剂和合金剂。这类焊条的抗裂性很好，但由于电弧中含氧量较低，因此，铁锈和水分等容易引起氢气孔的产生。此外，碱性焊条在焊接过程中，会产生 HF 和 K_2O 气体，有害焊工健康，故需加强焊接场所的通风。典型碱性焊条有 I506（E5016）、J507（E5015）。酸性焊条与碱性焊条的性能对比如表 2-8-2 所示。

表 2-8-2　酸性焊条与碱性焊条的性能对比

序号	酸性焊条	碱性焊条
1	对水、铁锈产生气孔的敏感性不大，焊条在使用前经 150～200℃烘焙 1 h	对水、铁锈产生气孔的敏感性较大，要求焊条在使用前经 300～350℃烘焙 1～2 h
2	电弧稳定，可用交流或直流施焊	由于药皮中含有氟化物恶化电弧稳定性，须用直流反接施焊，只有当药皮中加入稳弧剂后，才可用交直流两用施焊
3	焊接电流较大	比焊接电流较大的同规格酸性焊条约小 10%
4	可长弧操作	须短弧操作，否则易引起气孔
5	合金元素过渡效果差	合金元素过渡效果好
6	熔深较浅，焊缝成形较好	熔深稍深，焊缝成形尚好，容易堆高
7	熔渣呈玻璃状，脱渣较方便	熔渣呈结晶状，脱渣不及酸性焊条好
8	焊缝的常、低温冲击韧度一般	焊缝的常、低温冲击韧度较高
9	焊缝的抗裂性能较差	焊缝的抗裂性能较好

序号	酸性焊条	碱性焊条
10	焊缝的含氢量高，影响塑性	焊缝的含氢量低
11	焊接时烟尘较少	焊接时烟尘稍多

三、碳钢焊条的型号

碳钢焊条型号以国家标准 GB/T 5117—2012《非合金钢及细晶粒钢焊条》为依据，根据熔敷金属的力学性能、药皮类型、焊接位置和焊接电流种类来划分，如图 2 – 8 – 3 所示。具体表示方法如下：

（1）用字母"E"表示焊条。

（2）用前两位数字表示熔敷金属抗拉强度最小值的 1/10，单位为 MPa。

（3）第三位数字表示焊条的焊接位置。"0"及"1"表示焊条适用于全位置焊接（平、立、横、仰），"2"表示焊条适用于平焊及平角焊，"4"表示焊条适用于向下立焊。

（4）第三位和第四位数字组合时，表示药皮类型和焊接电流种类。

（5）第四位数字后面附加"R"表示耐吸潮焊条，附加"M"表示耐吸潮和力学性能有特殊规定的焊条，附加"–1"表示冲击性能有特殊规定的焊条。

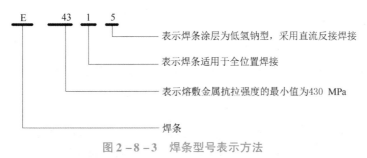

图 2 – 8 – 3　焊条型号表示方法

四、焊条的选用

焊条选用的原则是：尽可能使接头的使用性能与母材保持一致。

1. 根据母材的物理、机械性能和化学成分选用焊条

等强度原则。对于承受静载或一般载荷的工件或结构，通常选用抗拉强度与母材相等的焊条，这就是等强度原则。

例如：焊接 20、Q235 等低碳钢或抗拉强度在 400 MPa 左右的钢，可以选用 E43 系列焊条。而焊接 16Mn、16Mng 等抗拉强度在 500 MPa 左右的钢，选用 E50 系列焊条。

合金结构钢与不锈钢焊接时（属异种金属焊接），应选用适于异种材料焊接的焊条，或采用过渡层的方法来匹配焊条。

母材 C、S、P 等杂质含量高时，应选用抗裂性、抗气孔性好的焊条来施焊。

凡要求焊缝金属具有高塑性、高韧性，并有响应强度指标时，应选用碱性低氢焊条。

强度不相同的异种材料进行焊接，应该根据强度级别低的母材来选配焊条，目的在于

保证焊缝有相应的塑性和抗裂性。

焊接强度级别高的高强钢时，一般应在保证韧性的条件下，采用低强匹配的原则来保证接头的韧性。

2. 根据母材工作条件和使用要求选用焊条

对于工作环境有特定要求的焊接结构，要选用与它相匹配的特殊焊条。比如低温钢的焊接、水下焊接。

在腐蚀介质中工作的焊件，应根据介质的类别、浓度、工作温度、工作压力、工作期限等选用专用的焊条，如不锈钢、渗铝钢的焊接。

堆焊焊件时，应根据焊件具体的耐磨性、耐蚀性要求来选配堆焊焊条。

珠光体耐热钢通常选用与母材成分相似的耐热钢焊条相匹配。

3. 根据焊接结构的特点选用焊条

对于立焊、仰焊较多的焊件，应选用专用焊条。

对于几何形状复杂且厚度、刚性大的焊件，应选用抗裂性好的焊条，如低氢焊条。

对于因受某种条件限制，焊件坡口无法进行清理，或在坡口处存在油污、锈迹的，应选用抗油污、铁锈能力强的酸性焊条。

4. 根据焊接现场设备条件选用焊条

如果现场交、直流焊机均有，在保证产品设计要求条件下，尽可能选用酸性焊条，否则选用碱性焊条。

5. 根据劳动条件和生产效益选用焊条

当酸性和碱性焊条都能满足设计要求时，应选用酸性焊条。因为酸性焊条工艺性好，焊接发尘量少，对焊工身心健康有好处。当必须采用碱性焊条时，应考虑通风和相应的劳动保护措施。

当几种焊条都能满足产品设计要求时，应选用价格低的焊条以降低产品成本。

在焊接工艺措施上，能确保产品质量时，应选用大规格的焊条，以提高劳动生产率。

五、焊条的保管

1. 焊条的验收

对于制造锅炉、压力容器等重要焊接的焊条，焊前必须进行焊条的验收，也称复验。复验前要对焊条的质量证明书进行审查，正确、齐全、符合要求方可复验。复验时，应对每批焊条编制"复验编号"，按照其标准和技术条件进行外观、理化试验等检验。复验合格后，焊条方可入一级库，否则应退货或降级使用。

2. 焊条的保管、领用、发放

焊条实行三级管理：一级库管理、二级库管理、焊工焊接时管理。一级、二级库内的焊条要按其型号、牌号、规格分门别类堆放，放在离地面、墙面300 mm以上的木架上。

一级库内应配有空调设备和去湿机，保证室温不低于5℃，相对湿度不大于60%；二级库内应有焊条烘烤设备，焊工施焊时也需要妥善保管焊条，焊条要放入保温筒内，随取随用，不可随意乱丢、乱放。

3. 焊条的烘干

焊条的烘干时间、温度应符合标准要求，并做好温度、时间记录。烘干温度不宜过高或过低，温度过高会使焊条中一些成分发生氧化，过早分解，从而失去保护等作用；温度过低，焊条中的水分就不能完全蒸发掉，焊接时可能形成气孔，产生裂纹等缺陷。

此外，还要注意温度、时间的配合问题，据有关资料介绍，烘干温度和时间相比，温度较为重要，如果烘干温度过低，即使延长烘干时间其烘烤效果也不佳。

一般酸性焊条的烘干温度为 75 ~ 150℃，时间为 1 ~ 2 h；碱性焊条在空气中极易吸潮且药皮中没有有机物，因此，其烘干温度比酸性焊条高些，一般为 350 ~ 450℃，保温 1 ~ 2 h。烘干完成后应放入恒温箱，随取随用。焊条累计烘干次数一般不宜超过 3 次。

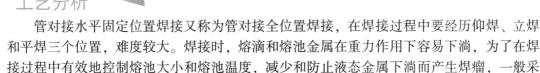

工艺分析

管对接水平固定位置焊接又称为管对接全位置焊接，在焊接过程中要经历仰焊、立焊和平焊三个位置，难度较大。焊接时，熔滴和熔池金属在重力作用下容易下淌，为了在焊接过程中有效地控制熔池大小和熔池温度，减少和防止液态金属下淌而产生焊瘤，一般采用较小的焊接参数。同时，在不同的焊接位置采用不同的焊接方法，焊条角度随焊缝曲率变化而不断变化，与管子切线方向呈 80° ~ 90°，焊缝分两个半周自下而上完成。

【任务实施】

一、焊前准备

（1）安全检查：劳保用品穿戴规范且完好无损；清理工作场地，焊接电缆、焊钳、面罩等工具完好；检查焊机和所使用的电动工具，焊把线接地良好；操作时，必须先戴面罩然后才开始操作，避免电弧光直射眼睛。

（2）场地准备：焊机准备，地线接好，调试焊机，场地清理，焊把线理顺，保持整洁。

二、焊接操作步骤

焊接基本操作步骤：试件准备（下料、坡口加工、焊前清理、调试焊机）→装配与定位焊→焊接工艺参数确定→焊接（引弧、打底焊、填充层、盖面焊）。

1. 试件准备

（1）20G 钢管，尺寸为 $\phi133$ mm × 100 mm × 10 mm，开 60° 的坡口，用角磨机打磨 0.5 ~ 1 mm 的钝边。

（2）焊前清理。焊前将坡口两侧 10 ~ 20 mm 范围内的油污、锈迹清理打磨干净，直至露出金属光泽。

2. 装配与定位焊

（1）按图样对试件尺寸进行检查。

（2）在装配平台上将两块试样装配，间隙 2.5 ~ 3.2 mm，6 点钟位置为 2.5 mm，12 点钟位置为 3.2 mm，为保证两节钢管焊后的同轴度，错边量不大于 0.5 mm。

（3）定位焊焊缝长为 10 mm（注意仰焊部位不宜定位焊），本项目采用三点定位（定位方式有一点、两点和三点定位，如图 2 - 8 - 4 所示），并对装配位置和定位焊质量进行检查。

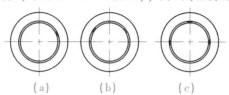

图 2 - 8 - 4　不同管径的装配及定位焊要求
（a）一点定位；（b）二点定位；（c）三点定位

3. 焊接工艺参数的确定

管对接水平固定焊的工艺卡如表 2 - 8 - 3 所示。

表 2 - 8 - 3　管对接水平固定焊的工艺卡

焊接方法	焊条电弧焊 SMAW
工件材料、规格	20G，φ133 mm × 10 mm × 100 mm
焊材牌号、规格	E4303
焊接接头	管对接接头
焊接位置	水平固定向上焊
坡口形式	V
坡口角度/（°）	60 ± 2
钝边/mm	0.5 ~ 1
组对间隙/mm	0 ~ 1

焊后热处理				焊接工艺流程
种类	—	层间范围	—	1. 试件准备（下料、开坡口、焊前清理）
加热方式	—	保温时间	—	2. 试件装配、定位焊
温度范围	—	测量方法	—	3. 焊接工艺参数选择及调试

焊接参数　4. 焊接（打底焊、填充焊、盖面焊）

焊层（道）	焊材直径/mm	焊接电流		电弧电压/V	焊接速度/（mm·min⁻¹）	5. 清理试件，整理现场
		极性	范围/A			
1（打底层）	3.2	直流反接	60 ~ 80	20 ~ 24	14 ~ 16	连弧法
	3.2	直流反接	70 ~ 90	20 ~ 24	14 ~ 16	灭弧法
2（填充层）	3.2	直流反接	90 ~ 110	20 ~ 24	14 ~ 16	
3（盖面层）	3.2	直流反接	90 ~ 100	20 ~ 24	12 ~ 16	

4. 焊接操作过程

大管径水平固定焊，当厚度为 10 mm 时，焊接焊道为四层四道。

1）打底焊

打底层焊缝的焊接，沿垂直中心线将管件分为两半周，称为前半周和后半周，各分别进行焊接，仰焊→立焊→平焊。在焊接前半周焊缝时，在仰焊位置的起焊点和平焊位置的终焊点都必须超过焊件的半周（超越中心线 5～10 mm）。大径管全位置焊的焊条角度如图 2-8-5 所示。

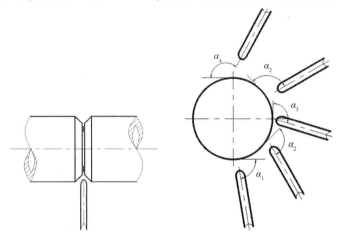

图 2-8-5　大径管全位置焊的焊条角度

$\alpha_1 = 80° \sim 85°$；$\alpha_2 = 100° \sim 105°$；$\alpha_3 = 100° \sim 110°$；$\alpha_4 = 110° \sim 120°$

前半周从仰焊位置开始，在 7 点处引弧后将焊条送到坡口根部的一侧，预热施焊并形成局部焊缝，然后将焊条向另一侧坡口进行搭接焊，待连上后将焊条向上顶送，当坡口根部边缘熔化形成熔孔后，压低电弧做锯齿形运动、向上连续施焊。横向摆动到坡口两侧时稍作停顿，以保证焊缝与母材根部熔合良好。

焊接仰焊位置时，易产生内凹、未焊透、夹渣等缺陷。因此焊接时焊条应向上顶送深些，尽量压低电弧，弧柱透过内壁约 1/2，熔化坡口根部边缘两侧形成熔孔。焊条横向摆动幅度小，向上运条速度要均匀，不宜过大，并且要随时调整焊条角度，以防止熔池金属下坠而造成焊缝背面产生内凹和正面焊缝出现焊瘤、气孔等缺陷。

后半周焊缝下接头仰焊位置的施焊。在后半周焊缝施焊前，先将前半周焊缝起焊处的各种缺陷清除掉，然后打磨成缓坡。施焊前在前半周约 10 mm 处引弧、预热、施焊，焊至缓坡末端时将焊条向上顶送，待听到击穿声、根部熔透形成熔孔时，即可正常运条、向前焊接。其他位置焊法均同前半周。

焊缝上接头水平位置的施焊。在后半周焊缝施焊前，应将前半周焊缝在水平位置的收弧处打磨成缓坡状，当后半周焊缝与前半周焊缝接头封闭时，要将电弧稍向坡口内压送，并稍作停顿，待根部熔透超过前半周焊缝约 10 mm，填满弧坑后再熄弧。

在整周焊缝焊接过程中，经过正式定位焊缝时，只要将电弧稍向坡口内压送，以较快的速度通过定位焊缝，过渡到前方坡口处进行施焊即可。

2）填充焊

（1）填充层施焊前应将打底层的熔渣、飞溅物等清理干净，并将焊缝接头处的焊瘤等打磨平整。

（2）施焊时的焊条角度与打底焊时相同，采用锯齿形运条法，焊条摆动的幅度较打底层大，电弧要控制短些，两侧稍作停顿、稳弧，但焊接时应注意不能损坏坡口边缘的棱边。

仰焊位置运条速度中间要稍快，形成中间较薄的凹形焊缝；立焊位置运条采用上凸的月牙形摆动，防止焊缝下坠；平焊位置用锯齿形运条，使填充焊道表面平整或稍凸起。

填充层焊完的焊道，应比坡口边缘稍低 1 ~ 1.5 mm，保持坡口边缘的原始状态，以便于盖面层施焊时能看清坡口边缘，保证盖面层焊缝的外形美观、无缺陷。

对于填充层焊缝中间接头，更换焊条要迅速，在弧坑上方约 10 mm 处引弧，然后把焊条拉至弧坑处，按弧坑的形状将它填满，然后正常焊接。进行中间焊缝接头时，切不可直接在焊缝接头处直接引弧施焊，这样易使焊条端部的裸露焊芯在引弧时，因无药皮的保护而产生密集气孔留在焊缝中，从而影响焊缝的质量。

3）盖面焊

（1）盖面层施焊前应将填充层的熔渣、飞溅物清除干净。

（2）清净后施焊时的焊条角度与运条方法均同填充焊，但焊条水平横向摆动的幅度比填充焊更大一些，当摆至坡口两侧时，电弧应进一步地缩短，并要稍作停顿以避免产生咬边。从一侧摆至另一侧时应稍快一些，以防止熔池金属下坠而产生焊瘤。

处理好盖面层焊缝中间接头是焊好盖面层焊缝的重要一环。当接头位置偏下时，接头处过高，偏上时，则造成焊缝脱节。焊缝接头方法如填充层。

师傅提示：

管对接水平固定焊的操作经验

此焊接过程是从下面到上面，要经过仰焊、立焊、平焊等几种焊接位置，是一种难度较大的操作。焊接时，金属熔池所处的空间位置不断变化，焊条角度也应随焊接位置的变化而不断调整。归纳为"一看、二稳、三准、四匀"：

一看：看熔池并控制大小，看熔池位置。

二稳：身体放松，呼吸自然，手稳，动作幅度小而稳。

三准：定位焊位置准确，焊条角度准确。

四匀：焊缝波纹均匀，焊缝宽窄均匀，焊缝高低均匀。

焊接中容易出现的缺陷及防止措施如表 2 - 8 - 4 所示。

表 2 - 8 - 4　焊接中容易出现的缺陷及防止措施

缺陷名称	产生原因	防止措施
打底焊仰焊部位背面产生内凹	焊条送进坡口内深度不够	焊条送进坡口内一定深度，使整个电弧在坡口内燃烧，短弧焊接
盖面层产生咬边	运条摆动动作和前进速度不当	采用横向锯齿形或月牙形摆动，摆动速度适当加快，但前进速度不变，摆动到坡口两边稍作停留

三、焊后清理

（1）将焊缝表面及其两侧的飞溅物清理干净（不能破坏焊缝原始状态）。

（2）按"6S"现场管理规定清理操作现场，做好使用记录。

考核评价

试件质量评分表见附录。

焊接工匠故事：

孙景南：焊花展风采 巾帼守匠心

孙景南，中车南京浦镇车辆有限公司电焊工高级技师，第十三届全国人大代表，曾获得全国技术能手、全国五一劳动奖章、全国巾帼建功标兵等荣誉称号，享受国务院政府特殊津贴。

参加工作 30 年来，她立足电焊工岗位，总结出坡口圆圈摆动焊接等 89 项先进操作法，其中"铝合金 MIG 焊接手法"实现了无垫板单面焊双面成形的工艺突破，"铝合金中空型材焊接修复法"创造了焊接修补技艺传奇，年创效 300 多万元。她带领团队完成"铝合金车体底架大横梁裂纹工艺改进"等技术攻关课题 30 多项，创效 700 多万元。她是中国高铁工人队伍中当之无愧的创新型"女焊神"，为我国轨道交通车辆国产化、谱系化做出突出贡献。

1990 年，孙景南进入浦镇公司车体车间成为一名电焊工。搞电焊又苦又累，很多人都不相信女孩子能干好。但是孙景南心里有一股不服输、不怕难的拼劲，白天她跟着师傅在小组干活，晚上一个人留在车间反复练习焊接技术，两年后她就在公司的技能比武中取得第一名，从此开启了在各类焊接技术比赛中摘冠夺魁的"开挂"生涯。

2000 年，浦镇公司与法国阿尔斯通合作承接上海明珠线城市轨道项目时，选派孙景南和几位同事去阿尔斯通学习。在一次侧墙工位考核中，面对法国男焊工不敢尝试的焊接难题，孙景南当场表态"他们不能干，我能干！"，并且完美完成了焊接任务。原本心存质疑的法方专家不仅被孙景南的焊接技术彻底征服，而且给她取了"女焊神"的称号。

作为最早掌握车体焊接技术的专家，孙景南带领团队迅速掌握国外先进技术并开展自主创新，完成技术攻关课题 30 多项，创造经济效益 700 多万元。她独创铝合金槽焊摇摆焊接操作法、提炼并推广不锈钢超薄板 MAG 焊异型接头先进操作法、发明铝合金中空型材焊接修复法，攻克了一个又一个焊接领域的世界性难题，其中，仅铝合金中空型材焊接修复法每年就可为企业增效 300 多万元。她带头建设了一支知识性、技能型、创新型铝合金焊接队伍，成功搭建全焊接铝合金车体制造技术平台，为我国城轨车辆国产化奠定了重要的基础，为"复兴号"生产攻克多项技术难关。

模块三 CO₂ 气体保护焊实训

CO₂气体保护焊是以 CO₂气体作为电弧介质并保护电弧和焊接区的电弧焊方法。CO₂气体保护焊的设备有两大类：一类是自动 CO₂气体保护焊设备，另一类是半自动 CO₂气体保护焊设备。前者常用于粗焊丝（直径≥1.6 mm）的焊接。后者主要用于细焊丝（直径≤1.2 mm）的焊接。由于细丝 CO₂气体保护焊的工艺成熟，现已广泛应用于工程机械制造业、汽车工业、造船业、各种金属结构和金属加工机械的生产。本模块介绍半自动 CO₂实训项目。

本模块按照《特殊焊接技术职业技能等级标准》《轨道交通装备焊接职业技能等级标准》初、中级职业技能等级要求，面向企业 CO₂气体保护焊中级操作员、初级工艺设计员等工作岗位选取教学载体。

本模块主要内容包括：

（1）掌握低碳钢平敷焊操作技能，熟悉 CO₂气体保护焊操作入门技能。

（2）掌握低碳钢 T 形接头平角焊，板对接 V 形坡口平焊单面焊双面成形，管对接 V 形坡口水平转动单面焊双面成形等 CO₂气体保护焊初级焊接操作技能。

（3）掌握低碳钢板对接 V 形坡口横焊、立焊单面焊双面成形、骑坐式管板垂直俯位焊，管对接 V 形坡口水平固定单面焊双面成形等 CO₂气体保护焊中级焊接操作技能及工艺参数选择。

任务3-1 平敷焊

任务描述

识读如图 3-1-1 所示试件图样，学习 CO₂平敷焊操作技能训练，熟悉焊缝起头、收尾和接头等基本操作入门技能。

技术要求

（1）试件材料：Q235B，材料规格：300 mm×200 mm×10 mm。

（2）焊接方法：CO₂气体保护焊；接头形式：敷焊；焊接位置：水平位置。

（3）严格按安全操作规程执行操作。

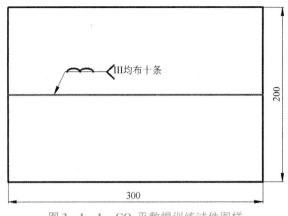

图 3 - 1 - 1　CO_2平敷焊训练试件图样

（1）熟悉 CO_2 气体保护焊基本操作。

（2）掌握 CO_2 气体保护焊平敷焊基本操作技能。

相关知识

一、基本操作姿势

焊接作业时，焊工要有正确协调稳固的体位，还要求焊工与焊件要有适当的距离和角度，大臂带动小臂。焊接基本操作姿势有蹲姿、坐姿、站姿，如图 3 - 1 - 2 所示。右手握焊枪，手臂处于自然状态，手腕能灵活带动焊枪平移或转动。

（a）　　　　　　（b）　　　　　　（c）　　　　　　（d）

图 3 - 1 - 2　正确持枪姿势

（a）下蹲平焊；（b）坐姿平焊；（c）站立立焊；（d）站立仰焊

二、引弧

CO_2 气体半自动保护焊的引弧方式是采用短路方法，而非焊条电弧焊的划擦引弧。

（1）保持焊丝伸出长度，如果焊丝过长，则应在引弧前剪去超长部分，达到伸出长度。当焊丝伸出较短时，应先按遥控盒上的点动开关或焊枪上的控制开关将焊丝送出导电嘴，保持伸出长度。

（2）准备引弧。将焊枪按要求放在引弧处，此时焊丝端部与工件未接触，导电嘴高度由焊接电流决定。

（3）引弧过程。将焊丝端头与焊件表面接触，焊枪提起 2~3 mm 距离的同时，按下焊机开关，焊机自动提前送气，延时接通电源，保持高电压、慢送丝，当焊丝碰撞工件短路后自然引燃电弧。短路时，焊枪有自动顶起的倾向，故引弧时要稍用力下压焊枪，防止因焊枪抬起太高，电弧太长而熄灭。引燃电弧后迅速移向焊接处，待金属熔化后进行正常焊接，如图 3-1-3 所示。

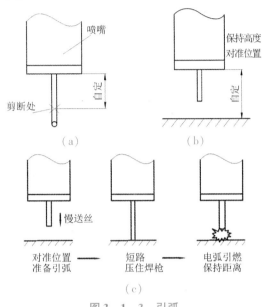

图 3-1-3　引弧
（a）引弧前剪去超长部分；（b）准备引弧；（c）引弧过程

三、焊枪的摆动方式及应用范围

为了保证焊缝的宽度和两侧坡口的熔合，采用 CO_2 气体保护焊时要根据不同的接头类型及焊接位置做横向摆动。焊枪的摆动方式及应用范围如表 3-1-1 所示。

表 3-1-1　焊枪的摆动方式及应用范围

摆动方式	应用范围
←	薄板及中厚板焊缝宽度较小的焊接
∿∿∿	小间隙中厚板打底层焊接
∧∧∧∧	第二层为横向摆动，焊枪接厚板等
eeee	堆焊、多层焊接时的第一层
∽∽∽	大间隙
⑧　⑥⑦④⑤②③　①	薄板根部有间隙、坡口有钢垫板或施工物时

为了减少热输入，减小热影响区，减少变形，通常不采用大的横摆动来获得宽焊缝，推荐采用多层多道焊接方法来焊接厚板。当坡口小时，可采用锯齿形较小的横向摆动，两侧停留0.5 s左右，如图3-1-4所示。当坡口大时，可采用弯月形的横向摆动，两侧停留0.5 s左右，如图3-1-5所示。

图3-1-4　锯齿形摆动　　　　图3-1-5　弯月形摆动

四、焊缝起始端的操作

焊接过程中，可以把起始端放在左边，也可以放在右边，但要注意运弧方式，这样才能得到高质量的焊缝。

焊接初始阶段，焊缝温度较低，应该在引弧之后，将电弧稍微拉长一些，以此对焊缝进行适当的预热，然后压低电弧进行起始端的焊接。若是重要的焊件，应该加装引弧板，将引弧时容易出现的缺陷留在引弧板上。

五、焊枪角度和指向位置

进行CO_2气体保护焊时，常用左焊法，其特点是易观察焊接方向，熔池在电弧力作用下被吹向前方，使电弧不能直接作用到母材上，熔深较浅，焊缝平坦且较宽，飞溅较大，但保护效果好。采用右焊法时，熔池被电弧力吹向后方，因此电弧能直接作用到母材上，熔深较大，焊缝窄而高，飞溅略小。焊枪角度如表3-1-2所示。

表3-1-2　焊枪角度

项目	左焊法	右焊法
焊枪角度	10°~15° 焊接方向 ←	10°~15° 焊接方向 →
焊缝断面形状		

六、收尾

细丝焊接时，收尾过快易在弧坑处产生弧坑裂纹及气孔，如焊接电流与送丝同时停止，会造成粘丝；故在收尾时应在弧坑处稍作停留，然后慢慢地抬起焊枪，使熔敷金属填满弧坑后再熄弧。焊机有弧坑控制电路时，则焊枪在收弧处停止前进，同时接通此电路，焊接电路与电弧电压自动变小，待熔池填满后断电。

工艺分析

平敷焊时，由于焊缝处于水平位置，熔滴主要靠自重过渡，所以操作比较容易。允许使用较粗的焊丝和较大的焊接电流，提高生产效率。若焊接参数选择或操作不当，容易在焊趾形成未熔合和余高超标缺陷，也会产生烧穿现象。若运枪不当和焊枪角度不正确时，会出现液态金属超前现象，造成层间未熔合、假焊等缺陷。

【任务实施】

一、焊前准备

焊接操作前准备工作主要包括：NBC－400 型 CO_2 电焊机或 KR500 型 CO_2 气体保护半自动焊机、H08Mn2SiA 焊丝（1.0 mm）、CO_2 气体（纯度 99.5% 以上）、焊缝测量尺、钢直尺（≥200 mm）、放大镜（5 倍）、角磨机、面罩、锤子、锉刀、钢丝刷、扁铲、砂布、平光眼镜、钢丝钳、劳保用品。

二、焊接操作步骤

焊接基本操作步骤：试件准备（下料、焊前清理、调试焊机）→焊接工艺参数选择→焊接。

1. 试件准备

（1）下料。采用钢板切割机下料，焊件 Q235B 钢板，尺寸为 300 mm × 200 mm × 10 mm。

（2）焊前清理。油污、锈迹清理打磨干净，直至露出金属光泽。

（3）调试焊机。

①接通电源，开启气阀，若无异常情况，按照焊接工艺参数初步调节好焊接电流和 CO_2 气体的流量，然后在专用焊接试板上将电流调节到最佳值。

②焊接操作前，通过短时焊接，对设备进行一次负载检查，检查气路和电路系统工作是否正常。

2. 焊接工艺参数的确定

平焊时，为提高焊接效率，尽量选用较大焊接参数，Q235B 材料平敷焊工艺参数如表 3-1-3 所示。

表 3-1-3　Q235B 材料平敷焊工艺参数

焊缝层次	焊丝直径/mm	焊丝伸出长度/mm	焊接电流/A	焊接电压/V	气体流量/（L·min^{-1}）	电源极性
表面焊缝	1.0	10~15	120~130	17~18	8~10	反极性

3. 装配与焊接

（1）装配。本任务为平敷焊，不需要装配和定位，只需对母材进行矫平及除锈即可，可以在试件上用石笔或记号笔画出若干距离平等的平行线，作为焊接参考。为避免夹渣，可将试件焊缝倾角倾斜 2°~3°，以便熔渣自动下流，不易和熔池液体金属混杂，如图 3-1-6 所示。

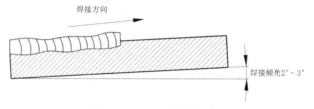

图 3-1-6　平敷焊位置

（2）焊丝接触试板右端 10 mm 的一条直线上，调整焊枪角度使前进角为 85°，工作角为 90°，伸出长度 12 mm，然后按住焊枪开关引燃电弧，快速回移电弧到试板右端边缘，稍作停顿锯齿形向左摆动电弧（左向焊法），摆动幅度 7~8 mm，摆动间距约 3 mm，如图 2-1-7 所示。焊接过程中注意观察和控制前进方向，控制焊缝余高大小，调整焊接速度，使余高保持约 3 mm，电弧摆动到焊道两侧应做适当停顿，使焊道与母材良好熔合。

（3）CO_2 保护焊不存在热接头，电弧熄灭，弧坑很快冷却，接头必须预热。一旦断弧，则需要将冷却的弧坑用砂轮机打磨成斜坡，在斜坡上端引弧小锯齿快速向斜坡下端摆动，至斜坡最下端正常摆动电弧，如图 2-1-8 所示。

图 3-1-7　平敷焊引弧及焊枪角　　　　　　　图 3-1-8　接头

（4）当焊至试板左端，焊缝温度升高，弧坑增大，此时可扭动手腕改变焊枪角度，回焊 10~15 mm（或采用反复灭弧填满弧坑），松开焊枪开关，喷嘴对准弧坑稍停片刻，待熔池在 CO_2 气体保护下完全冷却，再移开焊枪。

师傅提示：

（1）练习中，反复调整焊接电流、焊接电压、焊丝伸出长度，仔细观察电弧燃烧状态，静听电弧爆裂声，对比不同焊接参数下的焊缝成形。

（2）注意控制好喷嘴的高度和倾角，焊枪工作角保持垂直，前进角后倾5°~10°。焊枪的摆动幅度要一致，要保持焊缝的宽度、高度基本一致，焊缝平整，焊缝表面成形美观。

三、焊后清理

（1）焊接完成后，关闭 CO_2 气瓶阀门、电动焊枪开关或焊机面板上的焊接检气开关，放掉减压器里面的余气，关闭焊接电源。

（2）将焊缝表面及其两侧的飞溅物清理干净。

（3）按"6S"现场管理规定清理操作现场，做好使用记录。

平敷焊反馈与评价如表3-1-4所示。

表3-1-4　平敷焊反馈与评价

焊丝直径/mm	焊接电流/A	焊接电压/V	焊枪角度/(°)	运枪方法	焊接速度/(mm·min⁻¹)	焊道宽度/mm	焊道余高/mm
1.0							
1.0							
1.2							
1.2							

 任务3-2 T形接头平角焊

任务描述

识读如图3-2-1所示试件图样，实施 CO_2 气体保护平角焊。任务属于初级焊接操作技能。

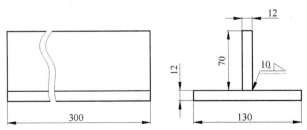

图3-2-1　T形接头平角 CO_2 气体保护焊试件图样

（1）试件材料为 Q235B。

（2）T 形接头平角焊。

（3）要求单面焊双面成形，具体要求参照评分标准。

学习目标

（1）了解 CO_2 气体保护焊的特点、分类方法及应用。

（2）掌握钢板 T 形接头平角焊（CO_2）的操作方法、装焊方法及焊接参数选择。

（3）焊接出合格的 T 形接头平角焊（CO_2）工件并达到评分标准的相关要求。

相关知识

一、CO_2 气体保护焊的特点

1. 优点

（1）焊接效率高。

连续送丝，节省时间，熔化速度快，电流密度大，焊渣极少可不必清渣，生产率比焊条电弧焊高 2~4 倍。

（2）焊接范围广。

可适用低碳钢、低合金钢、低合金高强度钢和普通铸钢全方位焊。

（3）焊接质量好。

对铁锈不敏感，焊缝含氢量低，抗裂性能好，受热变形小。由于电弧加热集中，焊件受热面积小，CO_2 气流又具有较强的冷却作用，所以焊接变形小，特别适合薄板焊接。

（4）焊接成本低。

CO_2 气体成本低，来源广，能源消耗量少，故使焊接成本降低。CO_2 气体保护焊的成本通常只有埋弧焊或焊条电弧焊的 40%~50%。

（5）操作简便。

焊后不需清渣且是明弧，便于监控，有利于实现机械化和自动化焊接。

2. 缺点

（1）飞溅大。

参数调整不合理时会产生飞溅。参数正确时的飞溅会比焊条电弧焊少。

（2）弧光强。

焊接时会产生较强的弧光，因此需注意加强保护措施，防止伤害眼睛。

（3）抗风性能差。

室外实施 CO_2 气体保护焊时，需采用防风措施，防止对喷嘴气流的影响。

（4）灵活性差。

CO_2气体保护焊枪和软管比较重，移动不灵活，特别是水冷枪使用时很不方便。

（5）对非铁金属焊接能力差，不能焊易氧化的非铁金属。

（6）焊机较复杂。

CO_2气体保护焊的焊机比焊条电弧焊的焊机复杂，且价格贵，对设备维护技术要求高。

二、CO_2气体保护焊的分类

（1）按使用焊丝直径的不同，可分为细丝 CO_2 气体保护焊（焊丝直径≤1.6 mm）和粗丝 CO_2 气体保护焊（焊丝直径 >1.6 mm）。

（2）按操作方法可分为半自动焊和自动焊。

（3）按送丝方式分为推丝式、拉丝式和推拉式三种。

三、CO_2半自动气体保护焊的应用

（1）CO_2保护焊主要用于焊接低碳钢及低合金钢等钢铁材料。

（2）对于不锈钢，由于焊缝金属有增碳现象，会影响抗晶间腐蚀性能，所以只能用于对焊缝性能要求不高的不锈钢焊件。

（3）CO_2焊还可用于耐磨零件的堆焊、铸钢件的补焊以及电铆焊等方面。

工艺分析

T 形接头焊缝属于非熔透型焊缝，要求焊接接头根部有一定的熔合深度，焊脚对称，凸度量为零。但实际操作中会有一定难度，这是由于 T 形接头焊缝在三个方向上散热，比对接接头所需的热输入大，需要较大的焊接电流来施焊，特别是在焊脚较大时，根部不易焊透，平板焊偏大，焊缝下垂，易产生应力集中；立板咬边，表面成形难以控制。因此，采用两层三道焊完成焊缝，第一层采用较大的焊接参数，以确保根部熔合；第二层采用较小的焊接参数，以确保焊缝平滑对称，无咬边缺陷。

【任务实施】

一、焊前准备

焊接操作前准备工作主要包括：NBC – 400 型 CO_2 电焊机或 KR500 型 CO_2 气体保护半自动焊机、H08Mn2SiA 焊丝（1.0 mm）、CO_2 气体（纯度99.5%以上）、焊缝测量尺、钢直尺（≥200 mm）、放大镜（5 倍）、角磨机、面罩、锤子、锉刀、钢丝刷、扁铲、砂布、平光眼镜、钢丝钳、劳保用品。

二、焊接操作步骤

焊接基本操作步骤：试件准备（下料、焊前清理、调试焊机）→装配与定位焊→焊接工艺参数确定→焊接（打底焊、盖面焊）。

1. 试件准备

工件材料为 Q235B，尺寸为 300 mm×120 mm×12 mm，300 mm×70 mm×12 mm。检查钢板的平直度并修复平整，将焊接处的油污、铁锈及其污染物清理干净，直到露出金属光泽。

2. 装配与定位焊

（1）按图 3－2－1 中的技术要求划装配定位线，将焊件装配成 T 形接头，不留间隙，定位焊的焊接参数如表 3－2－1 所示。

表 3－2－1　T 形接头装配定位焊的焊接参数

焊材型号	反变形角度/（°）	定位焊缝长度/mm	焊接电压/V	保护气体流量/（L·min⁻¹）	焊丝伸出长度/mm
ER50－6	3	10～15	22～23	12～15	12～18

（2）定位焊时要压住焊件，焊丝对准试件左侧根部，引弧进行定位焊，定位焊缝长度为 10～15 mm。然后调整试件间隙，锤击试件右侧，使立板与平板紧密接触，再对右侧进行定位焊。将立板反变形角度调整为 3°左右，如图 3－2－2 所示。

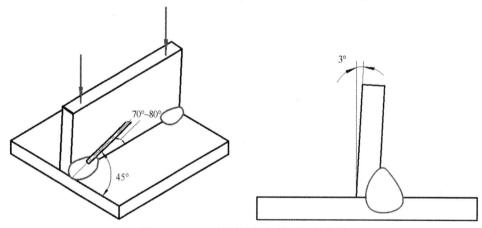

图 3－2－2　T 形接头平角装配与定位焊

3. 焊接工艺参数的确定

Q235B 材料 T 形接头平角焊的工艺卡如表 3－2－2 所示。

表 3 − 2 − 2　**Q235B 材料 T 形接头平角焊的工艺卡**

焊接方法	GMAW				
工件材料、规格	Q235B，300 mm×120 mm×12 mm，300 mm×70 mm×12 mm，				
焊材牌号、规格	ER49 − 1，φ1.2 mm				
保护气体及流量	CO_2 气体，15 L/min				
焊接接头	T 形				
焊接位置	平焊				

预热		焊后热处理		焊层分布示意图	
预热温度	—	温度范围	—		
层间温度	≤250℃	保温时间	—		
预热方式	—	其他	—		

焊接参数						
焊层（道）	焊接方法	焊接电流		电弧电压/V	焊接速度/(mm·min⁻¹)	焊丝伸出长度/mm
		极性	范围/A			
打底层	GMAW	直流反接	160~180	18~20	70~90	12~18
盖面层	GMAW	直流反接	140~150	20~22	80~100	12~18

4. 焊接操作

T 形接头平位焊时焊接工艺参数的选择应通过试焊来确定。T 形接头平位焊焊接电流要大一些，以确保焊后焊缝有一定的熔深，并且注意焊接电流与焊接电压的匹配。

1）打底焊

（1）T 形接头平位焊打底焊时，采用右焊法，一层一道焊接。焊枪的角度和指向位置如图 3 − 2 − 3 所示。

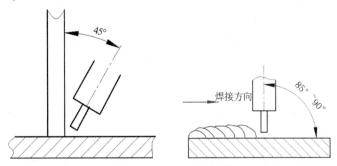

图 3 − 2 − 3　**T 形接头平位焊打底焊时焊枪角度和指向位置**

（2）起弧前，先将焊丝端头用钢丝钳剪去，然后再起弧。这是因为焊丝端头有较大的球形直径，容易产生飞溅。

（3）在试件左端距始焊点 15~20 mm 处引燃电弧，快速移至始焊点。在焊接过程中，焊丝要始终对准根部，电弧停留时间要长一些，待试件夹角处完全熔化产生熔池后，再开始向右焊。

（4）采用斜三角形小幅度摆动法。焊枪在中间位置稍快，两端稍作停顿，熔池下缘稍靠前方，保持两侧焊缝熔化一致，防止钢水下坠。

（5）要保持正确的焊枪角度和合适的焊接速度。如果焊枪对准位置不正确，焊接速度过慢，就会导致钢水下淌，造成焊缝下垂未熔合缺陷；反之，焊接速度过快，则会产生咬边。

（6）焊接中，接头是不可避免的，如图 3 - 2 - 4 所示。首先将接头处杂质清理干净，然后在距接头点右边 10 ~ 15 mm 处引燃电弧，千万不要形成熔池，快速移至弧坑中间位置，电弧停留时间长一些，待弧坑完全熔化，焊枪再向两侧摆动，放慢焊接速度，焊过弧坑位置后，再恢复正常的焊接。

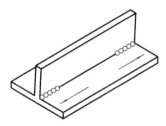

图 3 - 2 - 4　T 形接头平位焊打底焊时的接头

2）盖面焊

（1）焊前将打底层焊缝周围飞溅物清理干净，凸起不平处修平。

（2）采用左焊法，一层三道焊接。焊枪的角度和指向位置如图 3 - 2 - 3 所示。

（3）第一道盖面焊时，采用直线式运条法焊接。此时，焊丝要对准打底层焊缝下趾部，保证电弧在夹角处燃烧，防止产生未熔合。在焊接过程中，焊接速度要均匀，并注意角焊缝下边熔合一致，保证焊缝焊直而不跑偏。

（4）第二道盖面焊时，采用小幅摆动法焊接，焊接速度要放慢些。当焊枪摆动到下部时，焊缝熔池要稍靠前方，熔池下边缘要压住前一层焊缝的 2/3；焊枪摆动到上部时，焊丝要指向焊缝夹角，使电弧在夹角处燃烧，保证夹角部位熔合好，不产生较深的死角。

（5）第三道盖面焊时，采用直线形摆动法焊接，焊接速度最快，焊缝熔池下边缘要压住前一层焊缝的 1/2；上边缘要均匀熔化母材，保证焊缝焊直而不咬边。

师傅提示：

（1）施焊过程中要灵活掌握焊接速度，防止产生未熔合、气孔、咬边等缺陷。

（2）熄弧时禁止突然断开电源，在弧坑处必须稍做停留填满弧坑，以防止产生裂纹和气孔。

（3）当板厚不同时，应使电弧偏向厚板一侧，正确调整焊枪角度，以防止产生咬边、焊缝下垂等缺陷。

三、焊后清理

（1）焊接完成后，关闭 CO_2 气瓶阀门、电动焊枪开关或焊机面板上的焊接检气开关，放掉减压器里面的余气，关闭焊接电源。

（2）将焊缝表面及其两侧的飞溅物清理干净。

（3）按"6S"现场管理规定清理操作现场，做好使用记录。

试件质量评分表见附录。

任务3-3　板对接平位焊

识读如图3-3-1所示试件图样，采用CO_2气体保护焊方法实施板对接平焊。任务属于初级焊接操作技能。

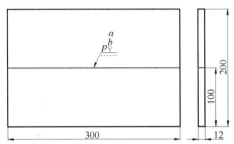

图3-3-1　板厚12 mm的V形坡口对接平焊试件图样

技术要求

（1）试件材料为Q235B。

（2）接头形式为板板对接，焊接位置为平位。

（3）根部间隙$b = 3.0 \sim 4.0$ mm，坡口角度$\alpha = 60° \pm 2°$，钝边$p = 0.5 \sim 1$ mm。

（4）要求单面焊双面成形，具体要求参照评分标准。

学习目标

（1）了解CO_2气体保护焊的概念、设备。

（2）掌握板对接平焊（CO_2）的操作方法、装焊方法及选择焊接参数。

（3）焊接出合格的板对接平焊（CO_2）工件并达到评分标准的相关要求。

相关知识

CO_2气体保护焊的焊接质量取决于焊接过程的稳定性，是由焊接设备、焊接参数选择、焊工操作水平决定的。因此焊工必须掌握操作技能，才能根据实际情况灵活运用，从而获得满意效果。

一、CO_2气体保护焊概念

CO_2气体保护焊（简称"CO_2焊"）是利用从喷嘴中喷出的CO_2气体（也可采用$CO_2 + Ar$的混合气体）为保护气体（隔绝气体），保护熔池金属的一种熔焊方法。CO_2气体保护焊又称为活性气体保护焊，简称MAG焊或MAG-C焊。

二、半自动 CO_2 气体保护焊焊接设备

生产中常用的半自动 CO_2 气体保护焊焊接设备如图 3 - 3 - 2 所示，主要由焊接电源、焊枪、送丝系统、CO_2 供气系统（气瓶、减压流量调节器）、控制系统等部分组成。

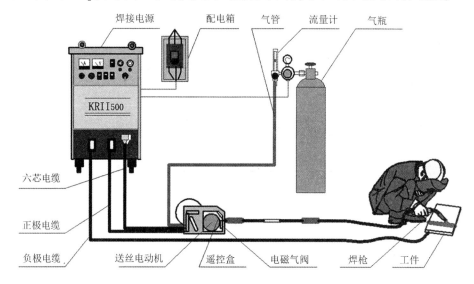

图 3 - 3 - 2　半自动 CO_2 气体保护焊设备

1. 焊接电源

CO_2 焊采用交流电源焊接时，电弧不稳定，飞溅较大，所以必须使用直流电源。细丝 CO_2 焊通常选用平特性或缓降外特性的电源，一般采用短路过渡或滴状过渡进行焊接，电源短路电流的上升速率应能调节，以适应不同直径及成分的焊丝。

粗丝 CO_2 焊一般采用均匀送丝机构配下降特性的电源，采用弧压反馈调节来保持弧长的稳定。粗丝 CO_2 焊时一般是细滴过渡，采用直流反接，这种熔滴过程对电源动特性无特殊要求。

2. 控制系统

控制系统的作用是对 CO_2 气体保护焊的供气、送丝、供电系统进行控制。自动焊时，控制系统还要控制焊接小车行走和焊件运转等动作。目前，我国定型生产使用较广的 NBC 系列半自动 CO_2 焊机有 NBC - 160 型、NBC - 350 型及 NBC - 500 型等。

3. 供气系统

供气系统的作用是使气瓶内的液态 CO_2 变成符合焊接要求、具有一定流量的 CO_2 气体，并均匀地从焊枪喷嘴中喷出，有效地保护焊接区。CO_2 的供气系统是由气瓶、预热器、干燥器、减压器、流量计和气阀组成的。

4. 送丝装置

送丝装置提供送丝的动力，一般包括机架、送丝矫直轮、压紧轮和送丝轮等，还有装

卡焊丝盘、电缆线及焊枪机构。要求送丝机构能匀速输送焊丝。

5. 焊枪

焊枪用来传导电流、输送焊丝和保护气体。

# 工艺分析

板对接平焊单面焊双面成形是其他位置焊接操作的基础。由于钢板下部悬空，造成熔池悬空，液态金属在重力和电弧吹力的作用下，极易产生下坠；再加上焊接参数或操作不当，打底焊容易在根部产生焊瘤、烧穿、未焊透等缺陷。因此，焊接过程中要根据装配间隙和熔池温度变化的情况，及时调整焊枪的角度、摆动幅度和焊接速度，控制熔池和熔孔的尺寸，保证两面焊缝成形良好。

【任务实施】

一、焊前准备

焊接操作前准备工作主要包括：NBC - 400 型 CO_2 电焊机或 KR500 型 CO_2 气体保护半自动焊机、H08Mn2SiA 焊丝（1.0 mm）、CO_2 气体（纯度99.5%以上）、焊缝测量尺、钢直尺（≥200 mm），放大镜（5倍）、角磨机、面罩、锤子、锉刀、钢丝刷、扁铲、砂布、平光眼镜、钢丝钳、劳保用品。

二、焊接操作步骤

焊接基本操作步骤：试件准备（下料、坡口加工、焊前清理、调试焊机）→装配与定位焊→焊接工艺参数确定→焊接（打底焊、填充焊、盖面焊）。

1. 试件准备

（1）下料。采用钢板切割机下料，焊件 Q235B 钢板，尺寸为 300 mm × 100 mm × 12 mm。

（2）开 V 形坡口及打磨。用半自动氧乙炔气割机开坡口，用角磨机将坡口打磨到规定要求，同时在坡口处修磨钝边。

（3）焊前清理。焊前将坡口两侧 10~20 mm 范围内的油污、锈迹清理打磨干净，直至露出金属光泽。

（4）调试焊机。

①接通电源，开启气阀，若无异常情况，按照焊接工艺参数初步调节好焊接电流和 CO_2 气体的流量，然后在专用焊接试板上将电流调节到最佳值。

②焊接操作前，通过短时焊接，对设备进行一次负载检查，检查气路和电路系统工作是否正常。

2. 装配与定位焊

（1）焊件装配的各项尺寸如表 3 - 3 - 1 所示。

表 3 - 3 - 1　焊件装配的各项尺寸

坡口角度/（°）	根部间隙/mm		钝边/mm	反变形角度/（°）	错边量/mm
	始焊端	终焊端			
60 ± 2	3	4	0.5 ~ 1	3 ~ 5	≤0.5

（2）在焊件两端进行定位焊，定位焊缝长度为 10 ~ 15 mm，焊件装配及定位焊如图 3 - 3 - 3 所示。

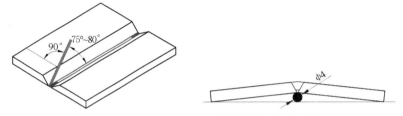

图 3 - 3 - 3　板厚 12 mm 焊件的装配与定位焊

（3）上架固定。将点焊好的焊接试件固定在焊接夹具上，其高度根据自身需求决定，但焊缝最高点距地面不得超过 1.2 m。

3. 焊接工艺参数的确定

Q235B 材料 V 形坡口对接平焊的工艺卡如表 3 - 3 - 2 所示。

表 3 - 3 - 2　Q235B 材料 V 形坡口对接平焊的工艺卡

焊接方法	GMAW	
工件材料、规格	Q235，300 mm × 100 mm × 12 mm	
焊材牌号、规格	ER49 - 1，ϕ1.2 mm	
保护气体及流量	CO_2 气体，15 L/min	
焊接接头	对接，接头开坡口	
焊接位置	平焊	

预热		焊后热处理		焊层分布示意图
预热温度	—	温度范围	—	
层间温度/℃	≤250	保温时间	—	
预热方式	—	其他	—	

焊接参数						
焊层（道）	焊接方法	焊接电流		电弧电压/V	焊接速度/（mm·min^{-1}）	焊丝伸出长度/mm
		极性	范围/A			
打底层	GMAW	直流反接	90 ~ 100	19 ~ 21	70 ~ 90	12 ~ 15
填充层	GMAW	直流反接	160 ~ 180	20 ~ 23	80 ~ 100	12 ~ 15
盖面层	GMAW	直流反接	160 ~ 180	20 ~ 23	80 ~ 100	12 ~ 15

4. 焊接操作

焊接时，将焊件平放在焊接操作台的工作台上或工作台的定位架（平衡架）上，背面留出足够的空间，间隙较小的一端作为始焊端放在右侧。

1）引弧

引弧时，将焊丝端头置于焊件右端预焊点左侧约 20 mm 处坡口内的一侧，与其保持 2～3 mm 的距离，按下焊枪扳机，气阀打开提前送气 1～2 s，焊接电源接通，焊丝送出，焊丝与焊件接触，同时引燃电弧。

2）打底焊

（1）电弧引燃后，焊枪迅速右移至焊件右端头，然后向左开始焊接打底焊道。

（2）焊枪沿坡口两侧做小幅度月牙形横向摆动（见图 3 – 3 – 4），当坡口根部熔孔直径达到 3～4 mm 时转入正常焊接，同时严格控制喷嘴高度，既不能遮挡操作视线，又要保证气体保护效果。

（3）焊丝端部要始终在熔池前半部燃烧，不得脱离熔池（防止焊丝前移过大而通过间隙，出现穿丝现象），并控制电弧在坡口根部 2～3 mm 处燃烧，电弧在焊道中心移动要快，摆动到坡口两侧要稍作 0.5～1 s 的停留，使熔孔直径比间隙大 0.5～1 mm。若坡口间隙较大，应在横向摆动的同时适当地前后移动做倒退式月牙形摆动（见图 3 – 3 – 5），这样摆动可避免电弧直接对准间隙，以防止烧穿。

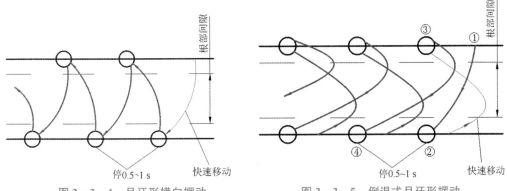

图 3 – 3 – 4　月牙形横向摆动　　　图 3 – 3 – 5　倒退式月牙形摆动

（4）焊接过程中要仔细观察熔孔，并根据间隙和熔孔直径的变化，调整横向摆动幅度和焊接速度，尽量维持熔孔的直径不变，以保证获得宽窄一致、高低均匀的背面焊缝。

（5）打底焊表面要平整，两侧熔合良好，最好焊道的中部稍向下凹，以免未熔化，如图 3 – 3 – 6 所示。

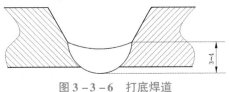

图 3 – 3 – 6　打底焊道

3）填充焊

（1）焊接前，将打底焊缝表面的焊渣和飞溅物清理干净，焊接电流和电压调整至合适的范围内，在焊件右端开始焊填充层。

（2）焊接时，焊枪角度及焊枪横向摆动方法与打底焊时相同，但焊枪横向摆动的幅度较打底焊时稍大。

（3）焊接时，焊丝伸出长度可稍大于打底焊时 1 ~ 2 mm，焊接时注意焊枪摆动均匀到位，在坡口两侧稍加停顿，以保证焊缝平整，同时有利于坡口两侧边缘充分熔化，不产生夹渣缺陷。

（4）焊完后，焊缝表面距焊件表面以 1.5 ~ 2 mm 为宜（见图 3 - 3 - 7），并不得熔化坡口边缘棱边。

（5）收弧时，一定要填满弧坑并使弧坑尽量短，防止产生弧坑裂纹。

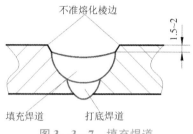

图 3 - 3 - 7　填充焊道

4）盖面焊

（1）焊接前，先将填充层焊缝表面的焊渣及金属飞溅物清理干净，接头处凹凸不平的地方用角磨机打平，将导电嘴、喷嘴周围的飞溅物清理干净。

（2）焊接时，焊枪角度、摆动方法与填充焊时相同，但焊枪摆动幅度比填充焊时稍大。

（3）焊接时，焊枪喷嘴高度要保持一致，保证电弧在填充焊缝 1 ~ 2 mm 处燃烧。

（4）焊接时，焊枪按锯齿形摆动，幅度一致，速度均匀。电弧在两侧坡口棱边燃烧时，要仔细观察棱边熔化情况，保证焊接熔池的边缘超过坡口棱边，并不大于 2 mm，以避免咬边。

（5）收弧时，要填满弧坑并且收弧弧长要短，防止弧坑处产生缺陷。

注意：焊接过程可以一次连续完成，当中途中断焊接时，要做到滞后停气，以免熔池在高温状态下发生氧化现象。

师傅提示：

（1）平板对接平焊时焊接工艺参数的选择应通过试焊来确定。当焊接电流与电弧电压配合好后，焊接过程稳定，电弧会发出轻快、均匀的声音，焊接熔池平稳、飞溅小，焊缝成形好。

（2）打底层时，焊缝背面的余高最好为 0 ~ 3 mm；焊接过程中要时刻保持焊枪的正确角度，焊缝厚度控制在 4 mm 以内。

（3）填充层焊接时，要保持焊缝的宽度、高度基本一致，焊缝平整，焊缝表面低于钢板表面 1.5 ~ 2 mm，以确保盖面焊的质量。

（4）焊接过程中，焊枪的摆动幅度要一致，且后焊道压住前焊道 1/2，尤其应注意接头处的操作，保证焊缝成形美观。

平焊中容易出现的缺陷及防止措施如表 3 - 3 - 3 所示。

表 3 - 3 - 3　平焊中容易出现的缺陷及防止措施

缺陷名称	产生原因	防止措施
气孔	焊丝和焊件表面有氧化物、油、锈等	清理
	CO_2 气体流量低	检查流量低的原因并排除
	焊接场地有风	在避风处进行焊接
	气路中有漏气现象	排除漏气的地方
咬边	电弧长度太长	保持合适的长度不变
	电流太小	调整焊接电流合适位置
	焊接速度过快	保持焊接速度均匀
	焊枪位置不当	保持焊枪位置始终对准待焊部位
飞溅过大	熔滴短路过渡时电感值过大或过小	选择合适的电感值
	焊接电流和电压配合不当	调整电流、电压参数，使其匹配
	焊丝与焊件清理不良	清理

三、焊后清理

（1）焊接完成后，关闭 CO_2 气瓶阀门、电动焊枪开关或焊机面板上的焊接检气开关，放掉减压器里面的余气，关闭焊接电源。

（2）将焊缝表面及其两侧的飞溅物清理干净。

（3）按"6S"现场管理规定清理操作现场，做好使用记录。

 考核评价

试件质量评分表见附录。

 任务 3 - 4　管对接水平转动焊

识读如图 3 - 4 - 1 所示试件图样，采用 CO_2 气体保护焊方法实施管对接水平转动焊。任务属于初级焊接操作技能。

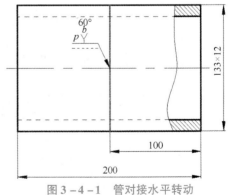

图 3 - 4 - 1　管对接水平转动
CO_2 气体保护焊实训图样

技术要求

（1）试件材料为 20G 钢。

（2）焊接根部间隙 $b = 2.5 \sim 3$ mm，钝边 $p = 0 \sim 1$ mm，坡口角度 $\alpha = 60°$。

（3）要求单面焊双面成形，具体要求参照评分标准。

学习目标

（1）熟悉 CO_2 气体保护焊焊接参数的正确选择。

（2）掌握管对接水平转动焊（CO_2）的操作方法、装焊方法及选择焊接参数。

（3）制作出合格的管对接水平转动焊（CO_2）工件并达到评分标准的相关要求。

相关知识

一、焊接参数的选择及对焊缝成形的影响

合理选择焊接参数是保证焊接质量、提高焊接效率的重要条件。CO_2 气体保护焊的焊接参数主要包括：焊丝直径、焊接电流、电弧电压、焊接速度、焊丝伸出长度、气体流量、电源极性、焊枪倾角和喷嘴高度等。下面分别介绍每个焊接参数对焊缝成形的影响及焊接参数的选择原则。

1. 焊丝直径

焊丝直径通常根据焊件厚度、施焊位置及生产率等要求来选择。当焊接薄板或是中厚板的立焊、横焊、仰焊时，多采用直径为 1.6 mm 以下的焊丝；在平焊位置焊接中厚板时，可采用直径为 1.2 mm 以下的焊丝。CO_2 气体保护焊焊丝直径的选择如表 3 - 4 - 1 所示。

表 3 - 4 - 1　CO_2 气体保护焊焊丝直径的选择

焊丝直径/mm	焊件厚度/mm	焊接位置
0.8	1 ~ 3	各种位置
1.0	1.5 ~ 6	
1.2	2 ~ 12	
1.6	6 ~ 25	
≥1.6	中厚	平焊、平角焊

2. 焊接电流

根据焊件厚度、材质、焊丝直径、施焊位置及要求的熔滴过渡形式来选择其大小。每种直径的焊丝都有一个合适的电流范围，只有在这个电流范围内焊接过程才能稳定进行。通常直径 0.8 ~ 1.6 mm 的焊丝，采用短路过渡方式时焊接电流在 40 ~ 230 A；细颗粒过渡时焊接电流在 250 ~ 500 A。焊丝直径与焊接电流的关系如表 3 - 4 - 2 所示。

表 3 - 4 - 2　焊丝直径与焊接电流的关系

焊丝直径/mm	焊接电流使用范围/A	适应板厚/mm
0.6	40 ~ 100	0.6 ~ 1.5
0.8	50 ~ 150	0.8 ~ 2.3
0.9	70 ~ 200	1.0 ~ 3.2
1.0	90 ~ 250	1.2 ~ 6.0
1.2	120 ~ 350	2.0 ~ 10
1.6	300 以上	6.0 以上

3. 电弧电压

一般随着电弧电压的增大，熔宽增大，而熔深则略有减小。为保证焊缝良好的成形，电弧电压必须与焊接电流配合适当。当焊接电流较小时，电弧电压较低，当焊接电流较大时，电弧电压也较高。电弧电压过高或过低都会影响焊缝的成形、气孔的出现及电弧的稳定性，使飞溅增大。通常采用短路过渡方式时，电弧电压为 $16 \sim 24$ V，细颗粒方式过渡时，电弧电压为 $25 \sim 45$ V。

4. 焊接速度

在焊丝直径、焊接电流和电弧电压确定条件下，焊接速度增大时熔宽和熔深都减小。如焊接速度过快，除产生咬边、未焊透及未熔合等缺陷外，由于气体保护效果变差，可能会出现气孔；若焊接速度过慢，除了降低生产率以外，焊接变形增大，焊接接头晶粒组织粗大，焊缝成形差。一般半自动氩弧焊时，焊接速度应在 $5 \sim 60$ m/h。

5. 焊丝伸出长度

焊丝伸出长度是指从导电嘴端部到焊件表面的距离，选择合适的焊丝伸出长度并保持不变是保证焊接过程稳定的基本条件之一。对于不同直径、不同材质的焊丝，允许使用的焊丝伸出长度是不同的，通常为焊丝直径的 $10 \sim 12$ 倍。焊丝伸出长度的允许值如表 3 - 4 - 3 所示。

表 3 - 4 - 3 焊丝伸出长度的允许值

焊丝直径/mm	HO8Mn2SiA/mm	HO6Cr19Ni9Ti/mm
0.8	6 ~ 12	5 ~ 9
1.0	7 ~ 13	6 ~ 11
1.2	8 ~ 15	7 ~ 12

焊丝伸出长度过大时，一方面由于预热作用增大，焊丝熔化快，电弧电压高而焊接电流减小，容易引起未焊透、未熔合等缺陷，还可能使焊丝过热而成段熔断；另一方面会使气体保护效果变差，飞溅大，焊缝成形不好，容易产生焊接缺陷。焊丝伸出长度过小则容易因导电嘴过热夹住焊丝，甚至烧坏导电嘴。同时飞溅容易堵塞喷嘴影响保护效果，还会阻挡焊工视线、妨碍操作。

6. 气体流量

CO_2 气体流量应根据对焊接区的保护效果要求选取。焊接电流、电弧电压、焊接速度、接头形式及焊接区工作条件不同对流量都有影响。流量过大或过小都会直接影响气体保护效果，从而容易产生焊接缺陷。通常焊接电流在 200 A 以下（细丝）时，气体流量为 $10 \sim 15$ L/min；焊接电流大于 200 A 时，气体流量为 $15 \sim 25$ L/min。

7. 电源极性

CO_2 气体保护焊通常都采用直流反接（反极性）即工件接阴极，焊丝接阳极。焊接过程稳定、飞溅小、熔深大。但在堆焊、铸铁补焊及粗丝大电流高速焊时，也可采用直流正接，焊丝熔化快、熔深浅、堆高大，但飞溅较大。

8. 焊枪倾角

焊枪倾角在焊接操作时也是不可忽视的因素。当焊枪倾角小于10°时，无论是前倾还是后倾，对焊接过程及焊缝成形都没有明显影响；但焊枪倾角过大（如前倾角大于25°）时，将使熔宽增加、熔深减小，还使飞溅增大。

需要指出的是，通常焊工都习惯用右手持焊枪，采用左向焊法（从右向左焊接）。这时采用前倾（焊枪与焊接相反方向倾斜10°～15°）角，不仅可得到较好的焊缝成形，还能清楚地观察和控制熔池。

9. 焊接回路电感值

焊接回路电感值应根据焊丝直径和电弧电压来选择，不同直径焊丝的合适电感值也不同。通常电感值随焊丝直径增大而增加，并通过试焊方法来判断。若焊接过程稳定，飞溅很少，则说明电感值是合适的。

二、CO_2气体保护焊焊接方向的选择

（1）薄板对接。平焊：左焊法；立焊：向下立焊；横焊：左焊法；仰焊：右焊法。
（2）中厚板对接。平焊：左焊法；立焊：向上立焊；横焊：左焊法；仰焊：右焊法。
（3）中厚板 T 形接头。平焊：左焊法；立焊：向上立焊；横焊：左焊法；仰焊：左焊法。

工艺分析

壁厚为 10 mm 的大管水平转动焊一般采用三层三道焊。管子尽可能匀速转动，焊枪在12 点处。双手配合要恰当，否则会产生焊瘤和未熔合等缺陷。

【任务实施】

一、焊前准备

焊接操作前准备工作主要包括：NBC – 400 型 CO_2 电焊机或 KR500 型 CO_2 气体保护半自动焊机、H08Mn2SiA 焊丝（1.0 mm）、CO_2 气体（纯度 99.5% 以上）、焊缝测量尺、钢直尺（≥200 mm），放大镜（5 倍）、角磨机、面罩、锤子、锉刀、钢丝刷、扁铲、砂布、平光眼镜、钢丝钳、劳保用品。

二、焊接操作步骤

焊接基本操作步骤：试件准备（下料、坡口加工、焊前清理、调试焊机）→装配与定位焊→焊接工艺参数确定→焊接（打底焊、填充焊、盖面焊）。

1. 试件准备

（1）工件材料为 G20，尺寸为 108 mm × 10 mm × 120 mm。机械加工 V 形坡口，加工角度为 60° ± 1°，用角磨机加工钝边，钝边厚度为 1 mm 左右。

（2）清理管子坡口里外边缘 20 mm 范围内的油污、铁锈、水分及其他污染物，使其呈现金属光泽，并清除毛刺。

2. 装配与定位焊

定位焊必须使管子轴线对正，不应出现轴线偏斜，装配定位时管子应预留 2.5 ~ 3.0 mm 间隙。常用的方式是直接在管子坡口内进行两处定位焊，定位焊焊缝长度为 10 ~ 12 mm。

焊件装配的各项尺寸如表 3 – 4 – 4 所示。

表 3 – 4 – 4　焊件装配的各项尺寸

坡口角度/（°）	钝边厚度/mm	装配间隙/mm	错变量/mm
60 ± 1	1.0	起焊端：2.5；终焊端 3.0	≤1.0

3. 焊接工艺参数的确定

G20 材料管子水平转动焊焊接工艺卡如表 3 – 4 – 5 所示。

表 3 – 4 – 5　G20 材料管子水平转动焊焊接工艺卡

焊接方法	GMAW	
工件材料、规格	G20，108 mm × 10 mm × 120 mm	
焊材牌号、规格	ER49 – 1，ϕ1.2 mm	
保护气体及流量	CO_2 气体，15 L/min	
焊接接头	V 形	
焊接位置	平焊	

预热	焊后热处理		焊层分布示意图
预热温度	—	温度范围	—
层间温度/℃	≤250	保温时间	—
预热方式	—	其他	—

焊接参数						
焊层（道）	焊接方法	焊接电流		电弧电压/V	焊接速度/（mm·min^{-1}）	焊丝伸出长度/mm
		极性	范围/A			
打底层	GMAW	直流反接	110 ~ 130	18 ~ 20	70 ~ 90	15 ~ 20
填充层	GMAW	直流反接	130 ~ 150	20 ~ 22	80 ~ 100	15 ~ 20
盖面层	GMAW	直流反接	130 ~ 150	20 ~ 22	80 ~ 100	15 ~ 20

4. 焊接操作

调整好操作架高度，将管子放在操作架上，保证焊工蹲着或站着能方便地移动焊枪并转动管子进行焊接。

焊枪角度与焊法。采用左向焊法，三层三道，其大小管径水平转动的焊枪角度一样，如图 3 – 4 – 2 所示。

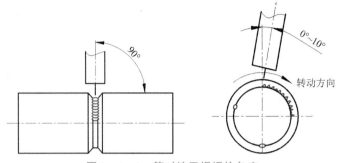

图 3 – 4 – 2　管对接平焊焊枪角度

1）打底焊

打底层焊接参数如表 3 – 4 – 5 所示，焊接时，焊工戴头盔式面罩，在 12 点处坡口内引燃电弧，边转边焊，管子的转动速度就是焊接速度，电弧始终在 12 点处燃烧，连续焊完打底层焊道。

焊接时要特别注意以下几点：

（1）转动管子时，使熔池保持在水平位置，管子转动的速度与焊接速度相同，不能让熔化的金属溢出，否则影响焊道外形的美观。

（2）必须保证背面焊缝成形良好。为此，在焊接过程中要控制好熔孔直径，保持熔孔直径比间隙大 0.5 ~ 1.0 mm。

（3）清除打底焊道的熔渣、飞溅物，并用角磨机将打底焊道上的局部凸起处磨平。

2）填充焊

按工艺卡表 3 – 4 – 5 调整好填充层焊接参数，按打底焊步骤焊完填充焊道。焊接时需注意以下问题：

（1）焊枪摆动幅度应稍大一些，并在坡口两侧适当停留，保证焊道两侧熔合良好、焊道表面平整。

（2）控制好填充焊道的高度，使焊道表面比管子表面低 2 ~ 3 mm 且不能熔化坡口的上棱边，如图 3 – 4 – 3 所示。

图 3 – 4 – 3　填充焊道焊接

3）盖面焊

按工艺卡表 3 – 4 – 5 调整好盖面层焊接参数，焊接盖面层时需注意以下几点：

（1）焊枪摆动幅度应比填充焊时大，并在两侧稍作停留，使熔池边缘超过坡口棱边 0.5 ~ 1.0 mm，保证两侧熔合良好。

（2）转动管子的速度要均匀，保持在水平位置焊接，使焊道外形美观。

师傅提示：

管对接水平转动焊接时，金属熔池所处的空间位置不断变化，焊条角度也应随焊接位置的变化不断调整。归纳为"一看、二稳、三准、四匀"：

一看：看熔池并控制大小，看熔池位置。

二稳：身体放松，呼吸自然，手稳，动作幅度小而稳。

三准：定位焊位置准确，焊条角度准确。

四匀：焊缝波纹均匀，焊缝宽窄均匀，焊缝高低均匀。

焊接中容易出现的缺陷及防止措施如表 3 – 4 – 6 所示。

表 3 – 4 – 6　焊接中容易出现的缺陷及防止措施

缺陷名称	产生原因	防止措施
咬边	焊枪位置不当	按给定焊枪位置操作
	焊枪摆动速度不均匀	摆动速度均匀
烧穿	焊接电流过大	合理选择焊接参数
	焊接速度太慢	合理选择焊接参数
	装配间隙过大或钝边太小	调整装配间隙和钝边尺寸
正面焊道下坠或背面焊道凸起	焊接速度太慢	合理选择焊接参数
	焊接电流太大	合理选择焊接参数

三、焊后清理

（1）焊接完成后，关闭 CO_2 气瓶阀门，点动焊枪开关或焊机面板上的焊接检气开关，放掉减压器里面的余气，关闭焊接电源。

（2）将焊缝表面及其两侧的飞溅物清理干净。

（3）按"6S"现场管理规定清理操作现场，做好使用记录。

考核评价

试件质量评分表见附录。

任务 3 – 5　板对接立焊

任务描述

识读如图 3 – 5 – 1 所示试件图样，学习板对接立焊的基本操作方法。任务属于中级焊接操作技能。

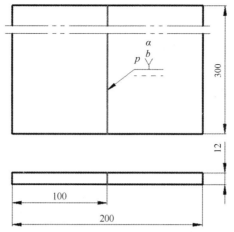

图 3 – 5 – 1 板厚 12 mm 的 V 形坡口对接立焊试件图样

（1）试件材料为 Q235B。

（2）接头形式为板板对接，焊接位置为向上立位。

（3）根部间隙 $b = 2.5 \sim 3.5$ mm，坡口角度 $\alpha = 60° \pm 2°$，钝边 $p = 0.5 \sim 1$ mm。

（4）要求单面焊双面成形，焊缝表面无缺陷，焊缝波纹均匀、宽窄一致、高低平整，焊缝与母材圆滑过渡，焊后无变形，具体要求参照评分标准。

学习目标 NEWS

（1）了解 CO_2 气体的性质及焊接质量影响，了解常见焊丝。

（2）掌握板对接立焊（CO_2）的操作方法；板对接立焊（CO_2）的装焊方法及选择焊接参数。

（3）焊接出合格的板对接立焊（CO_2）工件并达到评分标准要求。

相关知识

一、CO_2 气体

1. CO_2 气体的性质

CO_2 气体是无色、无味的，在常温下的密度为 1.98 kg/m^3，约为空气的 1.5 倍。在常温时很稳定，但在高温时可发生分解，在 5 000 K 时几乎能全部分解。

在常温下把 CO_2 气体加压至 5 ~ 7 MPa 时变为液体。常温下液态 CO_2 比较轻。在 0℃，0.1 MPa 时，1 kg 的液态 CO_2 可产生 509 L 的 CO_2 气体。

2. 瓶装 CO_2 气体

采用 40 L 标准钢瓶，可灌入 25 kg 液态的 CO_2，约占钢瓶容积的 80%，其余的 20% 充满了 CO_2 气体。气瓶的压力与环境温度有关，当温度为 0 ~ 20℃时，瓶中压力为（4.5 ~

6.8）$\times 10^6$ Pa（40~60 个大气压）。当环境温度在 30℃ 以上时，瓶中压力急剧增加，可达 7.4 $\times 10^6$ Pa（73 个大气压）以上，所以气瓶不得放在火炉、暖气等热源附近，也不得放在烈日下暴晒，以防发生爆炸。

3. CO_2 气体纯度对焊接质量的影响

CO_2 气体纯度对焊缝金属的致密性和塑性有很大影响。CO_2 气体中的主要杂质是 H_2O 和 N_2，其中 H_2O 的危害较大，易产生氢气孔，甚至产生冷裂纹。焊接用 CO_2 气体纯度不应低于 99.5%（体积分数），其含水量小于 0.005%（质量分数）。

二、焊丝

CO_2 气体保护焊焊丝既是填充金属又是电极，所以焊丝既要保证一定的化学成分和力学性能，又要保证具有良好的导电性和工艺性能。常用焊丝的型号、特征及适用范围如表 3 – 5 – 1 所示。

表 3 – 5 – 1　常用焊丝的型号、特征及适用范围

焊丝型号	特征及适用范围
H08Mn2SiA	冲击值高，送丝均匀，导电好
H04Mn2SiTiA	脱氧、脱氮、抗气孔能力强，适用于 200 A 以上电流
H04Mn2SiAiTiA	脱氧、脱氮、抗气孔能力更强，适用于填充和 $CO_2 – O_2$ 混合气体保护焊
H08MnSiA	MAG 焊

常用的实心焊丝型号为 H08Mn2SiA。其中，H 表示焊接用钢，008 表示碳的质量分数为 0.08%，Mn2 表示氧化锰的质量分数为 2%，Si 表示氧化硅的质量分数为 1%，A 表示硫和磷的总质量分数小于 0.03%（无 A 则表示硫和磷的总质量分数小于 0.04%）。

为了提高导电性能及防止焊丝表面生锈，一般在焊丝表面采用镀铜工艺，要求镀层均匀，附着力强，铜的质量分数不得大于 0.35%。

工艺分析

板对接向上立焊单面焊双面成形时，液态金属受重力作用易下淌，焊缝成形困难，使焊缝正面和背面易出现焊瘤。焊接时，要采用比平焊稍小的焊接电流和短路过渡形式，焊接速度稍快，焊枪的摆动频率稍快，尽量缩短熔池存在时间，使得熔池小而薄。

【任务实施】

一、焊前准备

焊接操作前准备工作主要包括：NBC – 400 型 CO_2 电焊机或 KR500 型 CO_2 气体保护半自动焊机、H08Mn2SiA 焊丝（1.0 mm）、CO_2 气体（纯度 99.5% 以上）、焊缝测量尺、钢

直尺（≥200 mm），放大镜（5 倍）、角磨机、面罩、锤子、锉刀、钢丝刷、扁铲、砂布、平光眼镜、钢丝钳、劳保用品。

二、焊接操作步骤

焊接基本操作步骤：试件准备（下料、坡口加工、焊前清理、调试焊机）→装配与定位焊→焊接工艺参数确定→焊接（引弧、打底焊、填充焊、盖面焊）。

1. 试件准备

（1）下料。采用钢板切割机下料，焊件 Q235B 钢板，尺寸为 300 mm × 100 mm × 12 mm。

（2）开 V 形坡口及打磨。用半自动氧乙炔气割机开坡口，用角磨机将坡口打磨到规定要求，同时在坡口处修磨钝边。

（3）焊前清理。焊前将坡口两侧 10 ~ 20 mm 范围内的油污、锈迹清理打磨干净，直至露出金属光泽。

（4）调试焊机。

①接通电源，开启气阀，若无异常情况，按照焊接工艺参数初步调节好焊接电流和 CO_2 气体的流量，然后在专用焊接试板上将电流调节到最佳值。

②焊接操作前，通过短时焊接，对设备进行一次负载检查，检查气路和电路系统工作是否正常。

2. 装配与定位焊

（1）焊件装配的各项尺寸如表 3 - 5 - 2 所示。

表 3 - 5 - 2　焊件装配的各项尺寸

坡口角度/（°）	根部间隙/mm		钝边/mm	反变形角度/（°）	错边量/mm
	始焊端	终焊端			
60 ± 2	2.5	3.5	0.5 ~ 1	2 ~ 3	≤1.2

（2）在焊件两端进行定位焊，沿坡口内距两端约 20 mm 处左右引弧，定位焊缝长度约 10 mm。定位焊时使用的焊丝和焊接参数与正式焊接时相同，定位焊后将定位焊缝两端用角磨机打磨成斜坡状，并将坡口飞溅物清理。立焊定位焊焊接位置如图 3 - 5 - 2 所示。

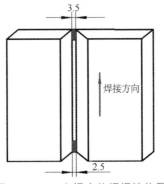

图 3 - 5 - 2　立焊定位焊焊接位置

3. 焊接工艺参数的确定

Q235B 材料 V 形坡口对接立焊的工艺卡如表 3 – 5 – 3 所示。

表 3 – 5 – 3　Q235B 材料 V 形坡口对接立焊的工艺卡

焊接方法			GMAW			
工件材料、规格			Q235，300 mm×100 mm×12 mm			
焊材牌号、规格			ER49 – 1，φ1.2 mm			
保护气体及流量			CO_2 气体，15 L/min			
焊接接头			对接，接头开坡口			
焊接位置			立焊			

预热		焊后热处理		焊接工艺流程
预热温度	—	温度范围	—	1.试件准备（下料、开坡口、焊前清理）
层间温度/℃	≤250	保温时间	—	2.试件装配、定位焊
预热方式	—	其他	—	3.焊接工艺参数选择及调试

焊接参数						4.焊接（打底焊、填充焊、盖面焊）
焊层（道）	焊接方法	焊接电流		电弧电压/V	焊接速度/(mm·min⁻¹)	焊丝伸出长度/mm
		极性	范围/A			
打底层	GMAW	直流反接	90～95	18～20	90～100	10
填充层	GMAW	直流反接	110～120	20～22	100～120	10～15
盖面层	GMAW	直流反接	110～120	20～22	100～120	10～15

（焊接工艺流程第5项）5.清理试件，整理现场

4. 焊接操作

焊接前检查试件装配焊尺寸合格后，此时注意间隙小的一端放在下面。将工件垂直固定好，立焊填充层焊接焊枪摆动方式如图 3 – 5 – 3 所示。

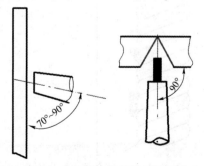

图 3 – 5 – 3　立焊填充层焊接焊枪摆动方式

1）打底焊

（1）按表3-5-3调节打底焊焊接参数，在焊件下端定位焊处引弧，使电弧锯齿形横向摆动，当电弧超过定位焊缝并形成熔孔时转入正常焊接。

（2）正常焊接时，焊枪做锯齿形摆动，摆动时中间稍快，两侧稍停。如熔孔太大，则可适当加快摆动速度，加宽摆动幅度，使散热面积加大。

（3）随着焊接的进行，焊枪向上移动，注意焊枪与工件的角度应保持不变。焊枪向上运动时，操作者的手臂也要随之上移，否则焊至上方时焊枪与下方的夹角会减小，焊丝会穿过间隙，造成穿丝。

注意：焊枪的横向摆动方式必须正确，否则焊道下坠，焊缝成形不好。采用小间距锯齿形摆动或间距稍大的上凸月牙形摆动，焊道成形较好，而采用下凹月牙形摆动，容易造成焊道表面下坠，如图3-5-4所示。

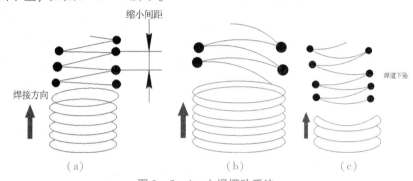

图3-5-4 立焊摆动手法

（a）小间距锯齿形摆动；（b）上凸月牙形摆动；（c）下凹月牙形摆动（不正确）

2）填充焊

调节好填充焊焊接参数后，自下向上焊接填充焊缝。

（1）焊前先清除打底焊道和坡口表面的飞溅物及熔渣，并用角磨机将局部凸起的焊道磨平，如图3-5-5所示。

（2）焊枪横向摆动幅度比打底焊时稍大，电弧在坡口两侧稍停留，保证两侧焊道融合好。焊枪可以采用锯齿形、月牙形和三角形等摆动方式。

（3）填充焊道比焊件上表面低1.5~2 mm，不允许熔化坡口的棱边。

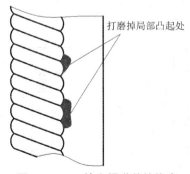

图3-5-5 填充焊道前的修磨

3）盖面焊

调节好盖面焊焊接参数后，按以下焊接顺序焊接盖面层。

（1）焊接前，先将填充层焊缝表面的焊渣及金属飞溅物清理干净，接头处凹凸不平的地方用角磨机打平。

（2）在工件下端引弧，自下而上焊接，摆动幅度较填充焊时大，当熔池两侧超过坡口边缘 $0.5 \sim 1$ mm 时，匀速锯齿形上升（见图 3-5-6），焊到顶端收弧。待电弧熄灭、熔池凝固后，才移动焊枪，避免产生局部气孔。

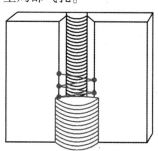

图 3-5-6　板对接立焊盖面焊运条方法

师傅提示：

（1）选择适合自己的空间固定位置。由于焊枪和焊把线较重，所以焊枪的握持要选择一种较为省力的方式，以减少焊接过程中手的疲劳程度，有利于控制焊接质量。

（2）板对接向上立焊时，焊枪的位置十分重要，要使焊丝对着前进方向保持 $90° \pm 10°$ 的角度；电流比平焊时稍小，焊枪摆动的频率稍快，摆动的幅度要保持一致，采用锯齿间距较小的方式进行焊接。打底焊时，密切观察和控制熔孔的尺寸，要注意保持一致；不能采用下凹的月牙形摆动，否则焊道凸起严重，导致焊道下坠。焊接时，最好用双手握枪，以保证焊接的稳定。

（3）板对接向下立焊时，焊枪的角度十分重要，需直线运枪，不做摆动。焊接速度要均匀，与焊丝的熔化速度匹配。密切关注液态金属的状况，不能让其流到电弧前面；一旦出现该情况，立即调整焊枪的角度（增大焊枪倾角），利用电弧吹力托住液态金属。

板对接 $\frac{1}{2}$ 焊中容易出现的缺陷及防止措施如表 3-5-4 所示。

表 3-5-4　板对接立焊中容易出现的缺陷及防止措施

缺陷名称	产生原因	防止措施
气孔	焊条和焊件表面有氧化物、油、铁锈等	清理
	CO_2 气体流量低	检查流量低的原因并排除
	焊接场地有风	在避风处进行焊接
	气路中有漏气现象	排除漏气的地方
咬边	焊枪摆动速度不均匀	摆动速度均匀
	焊枪位置不当	按图示给定位置操作
	熔滴金属自重下淌	借助电弧吹力托起熔滴
飞溅过大	熔滴短路过渡时电感值过大或过小	选择合适的电感值
	焊接电流和电压配合不当	调整电流、电压参数，使其匹配
	焊丝与焊件清理不良	清理

三、焊后清理

（1）焊接完成后，关闭 CO_2 气瓶阀门。点动焊枪开关或焊机面板上的焊接检气开关，放掉减压器里面的余气，关闭焊接电源。

（2）将焊缝表面及其两侧的飞溅物清理干净。

（3）按"6S"现场管理规定清理操作现场，做好使用记录。

考核评价

试件质量评分表见附录。

任务 3 - 6　板对接横焊

任务描述

识读如图 3 - 6 - 1 所示试件图样，采用 CO_2 气体保护焊方法实施板对接横焊。任务属于中级焊接操作技能。

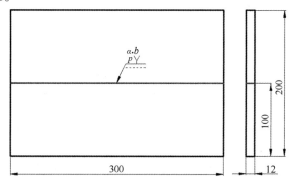

图 3 - 6 - 1　板厚 12 mm 的 V 形坡口对接横焊试件图样

技术要求

（1）试件材料为 Q235B。

（2）接头形式为板板对接，焊接位置为横位。

（3）根部间隙 $b = 3.0 \sim 4.0$ mm，坡口角度 $\alpha = 60° \pm 2°$，钝边 $p = 0.5 \sim 1$ mm。

（4）要求单面焊双面成形，焊缝表面无缺陷，焊缝波纹均匀、宽窄一致、高低平整，焊缝与母材圆滑过渡，焊后无变形，具体要求参照评分标准。

学习目标 NEW!

（1）了解 CO_2 气体保护焊的冶金特点。

（2）掌握板对接横焊（CO_2）的操作方法、装焊方法及选择焊接参数。

（3）制作出合格的板对接横焊（CO_2）工件并达到评分标准的相关要求。

一、CO_2 气体保护焊的保护效果

CO_2 气体保护焊是利用 CO_2 气体作为保护气体的一种电弧焊。CO_2 气体本身是一种活性气体，它的保护作用主要是使焊接区与空气隔离，防止空气中的氮气对熔池金属的有害作用，因为一旦焊缝金属被氮化和氧化，设法脱氧是很容易实现的，而要脱氮就很困难。CO_2 气体保护焊在 CO_2 保护下能很好地排除氮气。在电弧的高温作用下（5 000 K 以上），CO_2 气体全部分解成 CO 和 O，可使保护气体的体积增加一倍。同时由于分解吸热的作用，使电弧因受到冷却的作用而产生收缩，弧柱面积缩小，所以保护效果非常好。

二、CO_2 气体保护焊的冶金特点

1. CO_2 气体的氧化性

CO_2 气体是氧化性气体，在电弧高温作用下会发生分解，即

$$CO_2 = CO + O$$

在电弧区中，有 40%~60% 的 CO_2 气体被分解，分解出来的原子态氧具有强烈的氧化性。使碳和其他元素如 Mn、Si 被大量氧化，生成 SiO_2 和 MnO，这些氧化物虽然能浮在熔池表面，但减少了合金元素的含量，结果使焊缝金属的力学性能大大下降。

CO_2 气体和 O 的氧化作用，主要有以下几种形式：

$$Fe + CO_2 = FeO + CO$$
$$Si + 2CO_2 = SiO_2 + 2CO$$
$$Mn + CO_2 = MnO + CO$$
$$Fe + O = FeO$$
$$Si + 2O = SiO_2$$
$$Mn + O = MnO$$

由于氧化作用而生成的 FeO 能大量溶于熔池金属中，易使焊缝金属产生气孔及夹渣等缺陷。残留的 FeO 在焊缝金属中将使焊缝的含氧量增加而降低力学性能。

反应生成的 CO 气体有两种情况：其一是高温反应出来的 CO 急剧膨胀，引起熔池或熔滴的爆破，造成金属飞溅；其二是低温反应出的 CO 气体，由于液态金属呈现较大的黏度和较强的表面张力，产生的 CO 气体无法逸出，在焊缝中形成气孔。

2. 脱氧方法

CO_2 气体保护焊常用的脱氧措施是在焊丝中加入脱氧剂，常用的脱氧剂是 Al、Ti、Si 和 Mn，而其中尤以 Si 和 Mn 用得最多。

3. 焊缝的气孔缺陷

CO_2 气体保护焊时，由于熔池表面没有熔渣覆盖，CO_2 气流又有冷却作用，因而熔池

凝固比较快。如果焊接材料或焊接参数选择不当，可能会出现 CO 气孔、氢气孔和氮气孔。

氢气孔产生的主要原因是：熔池在高温时溶入了大量氢气，在结晶过程中又不能充分排出，留在焊缝金属中成为气孔。工件、焊丝表面的油污及铁锈，以及 CO_2 气体中所含的水分，在电弧的高温下都能分解出氢气。氢气在电弧中还会被进一步电离，然后以离子形态很容易溶入熔池。熔池结晶时，由于氢的溶解度陡然下降，析出的氢气如果不能排出熔池，则在焊缝金属中形成圆球形的氢气孔。

熔池金属对氮有很大的溶解度。但当熔池温度下降时，氮在液态金属中的溶解度便迅速减小，就会析出大量氮，若未能逸出熔池，便生成氮气孔。

4. 预防措施

脱氧元素 Si 和 Mn，有效地防止 CO 气孔的产生。

焊前应去除工件及焊丝上的铁锈、油污及其他杂质，更重要的要注意 CO_2 气体的含水量，以避免氢气孔的产生。

氮气孔产生的主要原因是保护气层遭到破坏，使大量空气侵入焊接区。造成保护气层破坏的因素有：①使用的 CO_2 保护气体纯度不合要求，CO_2 气体流量过小，喷嘴被飞溅物部分堵塞；②喷嘴与工件距离过大及焊接场地有侧向风等。

要避免氮气孔，必须改善气体保护效果。选用纯度合格的 CO_2 气体，焊接时采用适当的气体流量参数；要检验从气瓶至焊枪的气路是否有漏气或阻塞，要增加室外焊接的防风措施。

工艺分析

横焊因熔池下面有依托，所以比较容易操作，但熔池处在垂直面上，焊道凝固时无法得到对称的表面，焊后焊道表面不对称，最高点移向下方。因此，横焊过程必须使熔池尽量小，使焊道表面尽可能接近对称，另外应采用多道焊以调整焊道表面形状。

【任务实施】

一、焊前准备

焊接操作前准备工作主要包括：NBC - 400 型 CO_2 电焊机或 KR500 型 CO_2 气体保护半自动焊机、H08Mn2SiA 焊丝（1.0 mm）、CO_2 气体（纯度 99.5% 以上）、焊缝测量尺、钢直尺（≥200 mm）、放大镜（5 倍）、角磨机、面罩、锤子、锉刀、钢丝刷、扁铲、砂布、平光眼镜、钢丝钳、劳保用品。

二、焊接操作步骤

焊接基本操作步骤：试件准备（下料、坡口加工、焊前清理、调试焊机）→装配与定位焊→焊接工艺参数确定→焊接（打底焊、填充焊、盖面焊）。

1. 试件准备

（1）下料。采用钢板切割机下料，焊件 Q235B 钢板，尺寸为 300 mm × 100 mm × 12 mm。

（2）开 V 形坡口及打磨。用半自动氧乙炔气割机开坡口，用角磨机将坡口打磨到规定要求，同时在坡口处修磨钝边。

（3）焊前清理。焊前将坡口两侧 10 ~ 20 mm 范围内的油污、锈迹清理打磨干净，直至露出金属光泽。

（4）调试焊机。

①接通电源，开启气阀，若无异常情况，按照焊接工艺参数初步调节好焊接电流和 CO_2 气体的流量，然后在专用焊接试板上将电流调节到最佳值。

②焊接操作前，通过短时焊接，对设备进行一次负载检查，检查气路和电路系统工作是否正常。

2. 装配与定位焊

装配与定位焊要求与任务 3 - 3 相同。定位焊应预制反变形，横焊采用多层多道焊，反变形比立焊大 4° ~ 5°。将点焊好的焊接试件固定在焊接夹具上，其高度根据自身需求决定，但焊缝最高点距地面不得超过 1.2 mm。

3. 焊接工艺参数的确定

Q235B 材料 V 形坡口板对接横焊的工艺卡如表 3 - 6 - 1 所示。

表 3 - 6 - 1　Q235B 材料 V 形坡口板对接横焊的工艺卡

焊接方法	GMAW					
工件材料、规格	Q235，300 mm × 100 mm × 12 mm					
焊材牌号、规格	ER49 - 1，φ1.2 mm					
保护气体及流量	CO_2 气体，15 L/min					
焊接接头	对接，接头开坡口					
焊接位置	横焊					

预热		焊后热处理		焊层分布示意图	
预热温度	—	温度范围	—		
层间温度/℃	≤250	保温时间	—		
预热方式	—	其他	—		

焊接参数						
焊层 （道）	焊接 方法	焊接电流		电弧电压 /V	焊接速度/ (mm · min^{-1})	焊丝伸出 长度/mm
		极性	范围/A			
打底层	GMAW	直流反接	90 ~ 100	18 ~ 20	70 ~ 90	10 ~ 15
填充层	GMAW	直流反接	110 ~ 120	20 ~ 22	80 ~ 100	15 ~ 20
盖面层	GMAW	直流反接	130 ~ 150	20 ~ 22	80 ~ 100	15 ~ 20

4. 焊接操作

焊接时，将焊件横放在焊接操作台的工作台上或工作台的定位架（平衡架）上，背面留出足够的空间，间隙较小的一端作为始焊端放在右侧。

1）打底焊

（1）调节焊接参数，采用左焊法，焊枪以小幅度锯齿形摆动，其熔孔边缘超过坡口下棱边 0.5~1 mm，其焊枪角度如图 3-6-2 所示。

（2）焊接过程中尽可能通过调整焊接速度及焊枪摆幅的方式，维持熔孔直径相近。

2）填充焊

（1）焊接前，将打底焊缝表面的焊渣和飞溅物清理干净，焊接电流和电压调整至合适的范围内。

（2）填充层采用单层多道焊接，焊接角度如图 3-6-3 所示，调整焊枪角度，焊丝对准打底焊道与下坡口面之间的夹角，由下向上焊接。

（3）焊接第 2 条焊道时，焊枪成 0°~10° 的俯角。电弧中心应对准打底焊道的下缘，从右向左施焊，焊道与坡口边缘相差 1~1.5 mm 为宜。焊接第 2 条焊道时可选择直线运丝、斜锯齿运丝或斜圆圈运丝等。

（4）焊接第 3 条焊道时，焊枪成 0°~10° 的仰角。焊接第 3 条焊道时可根据预留位置的宽窄及深浅选择直线运丝、直线往复运丝、斜锯齿运丝或斜圆圈运丝等。焊道与坡口边缘相差 1.5~2.0 mm 为宜。

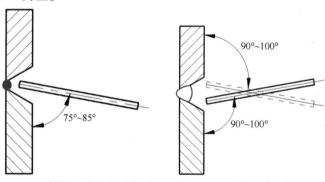

图 3-6-2　横焊打底层焊枪角度　　图 3-6-3 横焊填充层焊枪角度

3）盖面焊

（1）焊接前，先将填充层焊缝表面的焊渣及金属飞溅物清理干净，接头处凹凸不平的地方用角磨机打平，将导电嘴、喷嘴周围的飞溅物清理干净。

（2）与填充层的焊接基本相同。焊接过程中严格采用短弧，运丝速度要均匀，并使坡口边缘熔合良好，防止咬边、未熔合和焊瘤等缺陷。

（3）盖面焊接时，盖面层焊缝焊三道，由下向上焊接，每条盖面焊道要依次压住前焊道的 1/2~2/3。上面最后一条焊道施焊时，适当增大焊接速度或减小焊接电流，并调整焊条角度，避免液态金属下淌和产生咬边。

师傅提示：

1. 横焊打底要领

先在施焊部位的上侧坡口面引弧，待根部钝边熔化后再将电弧带到下部钝边，形成第一个熔池后再打孔焊接，并立即采用斜椭圆（小斜环）运条法运条。因上坡口面受热条件好于下坡口面，故操作时电弧要照顾小坡口面的熔化，从上坡口到下坡口时，运条速度略慢，保证填充金属与焊件熔合良好；从下坡口到上坡口时，运条速度略快，防止电熔池金属液下淌。焊接过程中应始终短弧焊接，将熔池金属液送到坡口根部，同时，电弧弧柱的 2/3 应保持在背面燃烧。

2. 横焊的左焊法

横焊操作时，由于熔融金属的重力作用，熔滴在向焊件过渡时容易偏离焊条轴线而向下偏斜，为避免熔池金属下溢过多，在操作中焊条除保持一定的下倾角外，还可采用左焊法。焊条前倾角大于后倾角，使电弧热量转移向前边未焊焊道，减小输入熔池的电弧热量，加快熔池冷却，避免因熔池存在时间过长而导致熔滴下淌、形成焊瘤等缺陷。

横焊中容易出现的缺陷及防止措施如表 3 – 6 – 2 所示。

表 3 – 6 – 2　横焊中容易出现的缺陷及防止措施

缺陷名称	产生原因	防止措施
气孔	焊丝和焊件表面有氧化物、油、铁锈等	清理
	CO_2 气体流量低	检查流量低的原因并排除
	焊接场地有风	在避风处进行焊接
	气路中有漏气现象	排除漏气的地方
咬边	电弧长度太长	保持合适的长度不变
	电流太小	调整焊接电流合适位置
	焊接速度过快	保持焊接速度均匀
	焊枪位置不当	保持焊枪位置始终对准待焊部位
飞溅过大	熔滴短路过渡时电感值过大或过小	选择合适的电感值
	焊接电流和电压配合不当	调整电流、电压参数，使其匹配
	焊丝与焊件清理不良	清理

三、焊后清理

（1）焊接完成后，关闭 CO_2 气瓶阀门，点动焊枪开关或焊机面板上的焊接检气开关，放掉减压器里面的余气，关闭焊接电源。

（2）将焊缝表面及其两侧的飞溅物清理干净。

（3）按"6S"现场管理规定清理操作现场，做好使用记录。

◇ 考核评价

试件质量评分表见附录。

任务描述

识读如图 3 – 7 – 1 所示试件图样，采用 CO_2 气体保护焊方法实施管板垂直固定俯位焊。任务属于中级焊接操作技能。

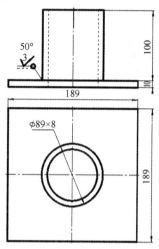

图 3 – 7 – 1　管板垂直固定俯位焊试件图样

技术要求

（1）试件材料为 Q235B。

（2）接头形式为管板对接，焊接位置为垂直固定。

（3）焊脚尺寸为 8 mm。

（4）要求单面焊双面成形，焊缝表面无缺陷，焊缝波纹均匀、宽窄一致、高低平整、焊缝与母材圆滑过渡，焊后无变形，具体要求参照评分标准。

学习目标

（1）知道 CO_2 气体保护焊焊接设备的维护及故障排除方法。

（2）掌握管板垂直固定俯位焊（CO_2）的操作方法、装焊方法及选择焊接参数。

（3）制作出合格的管板垂直固定俯位焊（CO_2）工件并达到评分标准要求。

相关知识

一、CO_2 气体保护焊焊接设备的维护保养

（1）要经常注意送丝软管的工作情况，以防被污垢堵塞。

（2）应经常检查导电嘴的磨损情况，及时更换磨损大的导电嘴，以免影响焊丝导向及焊接电流的稳定性。

（3）要及时清除喷嘴上的飞溅金属。

（4）及时更换已磨损的送丝滚轮。

（5）定期检查送丝装置、减速箱的润滑情况，及时添加或更换新的润滑油。

（6）经常检查电气接头、气管等连接情况，及时发现问题并加以处理。

（7）定期以干燥压缩空气清洁焊机。

（8）定期更换干燥剂。

（9）当焊机长时间不用时，应将焊丝自软管中退出，以免日久生锈。

二、CO_2气体保护焊焊接设备的常见故障及排除方法

CO_2气体保护焊焊接设备出现故障，有时可直观地发现，有时必须通过测试的方法发现。故障的排除步骤一般为：从故障发生部位开始，逐级向前检查整个系统，或相互有影响的系统、部位，还可以从易出现问题的、经常损坏的部位着手检查。CO_2气体保护焊焊接设备的常见故障及排除方法如表 3 - 7 - 1 所示。

表 3 - 7 - 1　CO_2气体保护焊焊接设备的常见故障及排除方法

常见故障	产生原因	排除方法
送丝不均匀	1. 送丝滚轮压力调整不当； 2. 送丝滚轮 V 形槽磨损； 3. 减速箱故障； 4. 送丝电动机电源插头插得不紧； 5. 焊枪开关接触不良或控制线路断路； 6. 焊枪导电部分接触不良，导电嘴孔径不合适； 7. 焊丝绕制不好，时松时紧或弯曲； 8. 送丝软管接头处或内层弹簧管松动或堵塞	1. 调整送丝滚轮压力； 2. 更换新滚轮； 3. 检修； 4. 检修、插紧； 5. 更换、检修； 6. 更换； 7. 更换一盘或重绕； 8. 清洗、修理
送丝电动机停止运行或电动机运转而停止送丝	1. 电动机本身故障； 2. 电动机电源变压器损坏； 3. 熔断器烧断； 4. 送丝滚轮打滑； 5. 继电器的触点烧损或其线圈烧损； 6. 焊丝与导电嘴融合在一起； 7. 焊枪开关接触不良或控制线路断路； 8. 控制按钮损坏； 9. 焊丝卷曲卡在焊丝进口处； 10. 调速电动机故障	1. 检修或更换； 2. 更换； 3. 换新； 4. 调整送丝滚轮压紧力； 5. 检修、更换； 6. 更换导电嘴； 7. 更换开关、检修控制线路； 8. 更换； 9. 焊丝退出后剪掉一段； 10. 修理焊机

常见故障	产生原因	排除方法
焊接过程中发生熄弧现象和焊接参数不稳	1. 焊接参数选得不合适； 2. 送丝滚轮磨损； 3. 送丝不均匀，导电嘴磨损严重； 4. 焊丝弯曲太大； 5. 工件和焊丝不清洁，接触不良	1. 调整焊接参数； 2. 更换； 3. 检修； 4. 调直焊丝； 5. 清理工件和焊丝
电压失调	1. 三相多线开关损坏； 2. 继电器触点或线包烧损； 3. 变压器烧损或抽头接触不良； 4. 线路接触不良或断线； 5. 移相触发电路故障； 6. 大功率晶体管击穿； 7. 自饱和磁放大器故障	1. 检修或更换； 2. 检修或更换； 3. 检修； 4. 用万用表检查； 5. 检修或更换新元件； 6. 检查、更换； 7. 检修

工艺分析

管板类接头是锅炉和压力容器制造业常见的焊缝形式。根据接头形式的不同，管板固定焊接可分为插入式管板和骑坐式管板两类。根据空间位置的不同，每类管板又可分为垂直固定俯位焊、垂直固定仰位焊和水平固定全位置焊三种。

插入式管板固定焊虽然只需一定熔透深度，但要求焊缝表面焊脚对称。由于 CO_2 半自动保护焊是连续送丝、自动等速的，焊缝成环形，和板对接焊相比难度大很多。尤其是插入式管板水平固定焊，其焊位包含平焊、立焊、仰焊，因此难度更大。

骑坐式管板固定焊除与插入式管板固定焊有相同的基本要求外，还需要保证焊缝背面成形。只有根据管子与孔板厚度的差异，散热的速度不同，合理选择焊枪角度和施焊方法，才能保证单面焊双面成形，焊脚尺寸达到规定的要求。操作者要灵活运用手臂和手腕动作，熟练准确地操纵焊枪，适应固定管板焊接时的焊条角度变化。

【任务实施】

一、焊前准备

焊接操作前准备工作主要包括：NBC - 400 型 CO_2 电焊机或 KR500 型 CO_2 气体保护半自动焊机、H08Mn2SiA 焊丝（1.0 mm）、CO_2 气体（纯度 99.5% 以上）、焊缝测量尺、钢直尺（≥200 mm）、放大镜（5 倍）、角磨机、面罩、锤子、锉刀、钢丝刷、扁铲、砂布、平光眼镜、钢丝钳、劳保用品。

二、焊接操作步骤

焊接基本操作步骤：试件准备→装配与定位焊→焊接工艺参数确定→焊接（打底焊、盖面焊）。

1. 试件准备

（1）孔板为20G，规格为120 mm×120 mm×12 mm，中间加工48 mm的孔；管件为20G，尺寸为ϕ60 mm×5 mm，长度为80 mm，一端开50°坡口。孔板和管件各一件组成一组焊件。

（2）清理管件及板材表面距离坡口20 mm范围内正反面的油污、铁锈、水分及其他污染物，使其露出金属光泽。按要求进行组对，预先加工钝边。

2. 装配与定位焊

（1）焊件装配的各项尺寸如表3-7-2所示。

表3-7-2 焊件装配的各项尺寸

坡口角度/（°）	根部间隙/mm	钝边/mm	错边量/mm
60±2	2.5~3.5	0~1	≤1

（2）首先将两个焊件放置在焊接夹具上进行定位焊，装配间隙$p = 2.5 \sim 3.5$ mm，保正管板的相互垂直，错边量符合要求。采用一点定位，定位焊缝长度为10~15 mm，定位焊使用的焊丝和焊接工艺参数如表3-7-3所示。定位焊后将焊件坡口内的飞溅物清理干净，用角磨机将焊缝两端打磨成斜坡状，以便接头，将试件放置在焊接操作架上待焊。

3. 焊接工艺参数的确定

管板垂直固定俯位焊焊接工艺卡如表3-7-3所示。

表3-7-3 管板垂直固定俯位焊焊接工艺卡

焊接方法	GMAW	
工件材料、规格	Q235B，120 mm×120 mm×12 mm，ϕ60 mm × 80 mm×5 mm	
焊材牌号、规格	H08Mn2SiA，ϕ1.2 mm	
保护气体及流量	CO_2气体，15 L/min	
焊接接头		
焊接位置	管板垂直固定俯位焊	

预热		焊后热处理		焊道分层图
预热温度	—	温度范围	—	
层间温度/℃	≤250	保温时间	—	
预热方式	—	其他	—	

焊接参数							
焊层 （道）	焊接 方法	焊接电流		电弧电压 /V	焊接速度/ (mm·min^{-1})	焊丝伸出 长度/mm	
		极性	/A				
定位焊	GMAW	直流反接	90~110	18~20	70~90	10~18	直线运丝法
打底层	GMAW	直流反接	90~110	18~20	70~90	10~18	直线运丝法
盖面层	GMAW	直流反接	120~140	20~22	80~100	10~18	锯齿摆动运丝法

4. 焊接操作

管板固定焊的难度在于施焊空间受工件形式限制，管子与孔板厚度的差异造成散热不同，熔化情况也不同。焊接时除了保证焊透和双面成形外，还要保证焊脚高度达到技术要求的尺寸。

1）打底焊

（1）引弧。打底焊的起点选在定位焊点相对的一侧，调整打底焊的焊接参数，即可进行焊接操作。采用左焊法进行焊接，即从管子从右向左沿管子外圆进行焊接，焊枪角度如图 3-7-2 所示。先在坡口内进行引弧，待形成电弧后，压低电弧在坡口内形成熔孔，尺寸控制在深入坡口 0.8~1 mm 为宜。焊枪上下小幅度摆动，电弧在坡口根部与孔板边缘停留，确保焊透。手臂和焊枪应随管子弧度变化而相应转动，手腕要灵活，并注意焊枪倾角和与试件夹角的控制，保持熔孔大小基本不变，以免产生未焊透、内凹和焊瘤等缺陷。

当焊接到距离定位焊缝 20 mm 处收弧，调转 180°，在前收弧处引弧，完成全部焊接，收弧处接头不要太高。

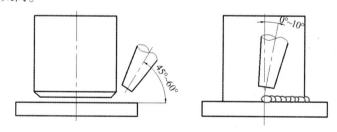

图 3-7-2 打底焊焊枪角度

（2）停弧和接头。

因变换焊姿或其他原因需要停弧时，应将电弧移至平板一侧。将焊丝对准熔池最高点重新进行引弧，然后小幅度摆动，待焊缝中间形成新的熔孔后，继续向左焊接。

（3）收弧。

当焊接至终焊点时，电弧应向熔池前段移动，将电弧热量分散到坡口根部和终焊点处，保证焊透并填满弧坑。

清理打底焊道表面的飞溅物和焊渣，用角磨机将局部的凸起磨平，为盖面焊做好准备。

2）盖面焊

盖面焊分为两焊道进行焊接，先调整填充焊的焊接工艺参数。

（1）第一焊道在下面，焊接时摆动幅度要小，要保证其下边缘与水平板的良好熔合，注意焊脚尺寸的控制。

（2）第二道盖面焊在上面进行，在上坡口处稍微停留，摆动幅度稍大，同时避免咬边。注意余高不超标，焊脚对称，保证焊道外形美观，收弧时注意利用延迟气体对焊缝的保护。盖面焊焊枪角度如图3-7-3所示。

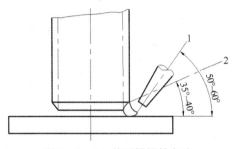

图3-7-3　盖面焊焊枪角度

师傅提示：

（1）骑坐式管板垂直俯位焊时，极易产生咬边、未焊透等缺陷。在操作中，应根据管板的厚度差异和焊脚尺寸来控制焊枪的角度和电弧偏向。本项目中由于板材厚度大于管子厚度，因此电弧应指向板材。

（2）焊接过程中，应随焊枪的移动及时调整身体体位，以便清楚地观察熔池。

三、焊后清理

（1）焊接完成后，关闭CO_2气瓶阀门，点动焊枪开关或焊机面板上的焊接检气开关，放掉减压器里面的余气，关闭焊接电源。

（2）将焊缝表面及其两侧的飞溅物清理干净。

（3）按"6S"现场管理规定清理操作现场，做好使用记录。

考核评价

试件质量评分表见附录。

任务3-8　管对接垂直固定焊

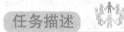

任务描述

识读如图3-8-1所示试件图样，采用CO_2气体保护焊方法实施管对接垂直固定焊。

任务属于中级焊接操作技能。

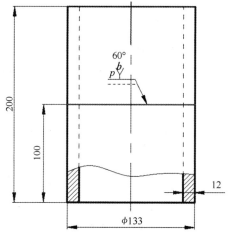

图 3 - 8 - 1　管对接垂直固定焊试件图样

技术要求

（1）试件材料为 Q235B。

（2）接头形式为管对接，焊接位置为垂直固定。

（3）根部间隙 $b = 2.5 \sim 3.0$ mm，坡口角度 $\alpha = 60° \pm 2°$，钝边 $p = 0 \sim 1$ mm。

（4）要求单面焊双面成形，焊缝表面无缺陷，焊缝波纹均匀、宽窄一致、高低平整，焊缝与母材圆滑过渡，焊后无变形，具体要求参照评分标准。

学习目标

（1）了解 CO_2 气体保护焊熔滴过渡形式及安全操作规程。

（2）掌握管对接垂直固定焊（CO_2）的操作方法、装焊方法及选择焊接参数。

（3）制作出合格的管对接垂直固定焊（CO_2）工件并达到评分标准的相关要求。

相关知识

熔化极电弧焊时，焊丝端头的液态金属经电弧向熔池过渡的过程称熔滴过渡。熔滴过渡对电弧稳定性、焊缝成形、金属飞溅等有直接影响。

一、CO_2 气体保护焊熔滴过渡形式

1. 短路过渡

细丝 CO_2 气体保护焊（直径小于 $\phi1.6$ mm）焊接过程中，因焊丝端部熔滴大，易与熔池接触发生短路，从而使熔滴过渡到熔池形成焊缝。短路过渡是一个燃弧→短路(熄弧) →燃弧的连续循环过程，焊接热源主要由电弧热和电阻热两部分组成。

短路过渡的频率由焊接电流、焊接电压控制，其特征是小电流、低电压、焊缝熔深大，焊

接过程中飞溅较大。短路过渡主要用于细丝 CO_2 气体保护焊，薄板、中厚板的全位置焊接。

2. 颗粒状过渡

粗丝 CO_2 气体保护焊（直径大于 $\phi 1.6$ mm）焊接过程中，焊丝端部熔滴小，过渡到熔池不易发生短路现象，电弧连续燃烧，焊接热源主要是电弧热。其特点是大电流、高电压、焊接速度快。颗粒状过渡主要用于粗丝 CO_2 气体保护焊，中厚板的水平位置焊接。

3. 射流过渡

当粗丝 CO_2 气体保护焊或采用混合气体保护细丝焊，焊接电流大到超过临界电流值，焊接时，焊丝端部呈针状，在电磁收缩力、电弧吹力等作用下，熔滴呈雾状喷入熔池，焊接过程中飞溅很小，焊缝熔深大，成形美观。射流过渡主要用于中厚板、带衬板或带衬垫的水平位置焊接。

二、安全操作规程

（1）作业前，CO_2 气体应预热 15 min。开气时，操作人员必须站在瓶嘴的侧面。

（2）作业前，应检查并确认焊丝的进给机构、电线的连接部分、CO_2 气体的供应系统及冷却水循环系统合乎要求，焊枪冷却水系统不得漏水，防止触电事故。

（3）CO_2 气体瓶宜放阴凉处，其最高温度不得超过 30℃，并应放置牢靠，不得靠近热源。

（4）CO_2 气体预热器端的电压不得大于 36 V，作业后应立即切断电源。

（5）焊接操作及配合人员必须按规定穿戴劳动防护用品，并必须采取防止触电、高空坠落、瓦斯中毒和火灾等事故的安全措施。

（6）现场使用的焊机应设有防雨、防潮、防晒的机棚，并应装设相应的消防器材。

（7）高空焊接或切割时必须系好安全带，焊接周围和下方应采取防火措施，并应有专人监护。

（8）CO_2 气体保护焊电弧温度为 6 000 ~ 10 000℃，电弧辐射比焊条电弧焊强，因此应加强防护。

（9）CO_2 气体保护焊飞溅较多，焊工应有完善的防护用具，防止人体灼伤。

（10）当消除焊缝焊渣时应戴防护眼镜，头部应避开敲击焊渣的飞溅方向。

（11）施焊时注意通风，及时排除有害气体。尤其在焊接铜、铝、锌、锡等非铁金属时，必须通风良好，焊接人员必须戴防毒面罩、呼吸滤清器或采取其他防毒措施。

（12）雨天不得在露天施焊。在潮湿地带作业时，操作人员应站在铺有绝缘物品的地方，并应穿绝缘鞋。

（13）施焊受压容器、密封容器、油桶、管道、沾有可燃气体和溶液的工件时，应先消除容器及管道内压力，消除可燃气体和溶液，然后冲洗有毒、有害和易燃物质；对存有残余油脂的容器，应先用蒸汽、碱水冲洗，并打开盖口，确认容器清洗干净后，再灌满清水进行焊接。在容器内焊接应采取防止触电、中毒和窒息的措施。焊、割密封容器应留出气孔，必要时在进、出气口处装设通风设备；容器内照明电压不得超过 12 V，焊工与焊件间应绝缘；容器外应设专人监护。严禁在已喷涂过油漆和塑料的容器内焊接。

（14）对承压状态的压力容器及管道、带电设备、承载结构的受力部位和装有易燃、易爆物品的容器严禁进行焊接和切割。

工艺分析

管对接垂直固定焊实际是周向的横焊，但由于焊接过程中需要随时变换姿势，以保持焊枪角度，即具有合理的倾角，所以比横焊又增加了一定难度。在管对接垂直固定焊时，液态金属因自重由坡口上侧向下侧堆积，易产生上部咬边、下部焊道下坠等缺陷，因此，焊接时要充分利用焊枪的倾角、运弧方式和电弧吹力及焊接速度控制焊缝形成，防止缺陷发生。

【任务实施】

一、焊前准备

焊接操作前准备工作主要包括：NBC-400 型 CO_2 电焊机或 KR500 型 CO_2 气体保护半自动焊机、H08Mn2SiA 焊丝（1.0 mm）、CO_2 气体（纯度 99.5% 以上）、焊缝测量尺、钢直尺（≥200 mm）、放大镜（5 倍）、角磨机、面罩、锤子、锉刀、钢丝刷、扁铲、砂布、平光眼镜、钢丝钳、劳保用品。

二、焊接操作步骤

焊接基本操作步骤：试件准备（下料、坡口加工、焊前清理、调试焊机）→装配与定位焊→焊接工艺参数确定→焊接（打底焊、填充焊、盖面焊）。

1. 试件准备

（1）工件材料为 G20，尺寸为 $\phi133$ mm×100 mm×12 mm。机械加工 V 形坡口，加工角度为 60°±2°，用角磨机加工钝边，钝边厚度为 1 mm 左右。

（2）清理管子坡口里外边缘 20 mm 范围内的油污、铁锈、水分及其他污染物，使其呈现金属光泽，并清除毛刺。

2. 装配与定位焊

（1）焊件装配的各项尺寸如表 3-8-1 所示。

表 3-8-1　焊件装配的各项尺寸

坡口角度/（°）	根部间隙/mm	钝边/mm	错边量/mm
60±2	2.5~3.5	0~1	≤1

（2）管对接垂直固定焊试件组对的尺寸要求如表 3-8-1 所示。将两段管子固定在焊接固定架上，采用三点均布定位焊，定位焊缝长度为 10~15 mm。定位焊使用的焊丝和焊

接参数如表 3 - 8 - 2 所示。定位焊道要求焊透和保证无焊接缺陷，并将定位焊缝两端用角磨机打磨成斜坡状，清理干净。定位焊后将组对好的焊件放置在焊接操作架上待焊。

3. 焊接工艺参数的确定

管对接垂直固定焊焊接工艺卡如表 3 - 8 - 2 所示。

表 3 - 8 - 2 管对接垂直固定焊焊接工艺卡

焊接方法	GMAW				
工件材料、规格	Q235B，ϕ133mm × 100 mm × 12 mm				
焊材牌号、规格	H08Mn2SiA，ϕ1.2 mm				
保护气体及流量	CO_2 气体，15 L/min				
焊接接头	对接，接头开坡口				
焊接位置	管对接垂直固定焊				
预热	焊后热处理				焊道分布图
预热温度	—	温度范围	—		
层间温度/℃	≤250	保温时间	—		
预热方式	—	其他	—		
焊接参数					
焊层（道）	焊接方法	焊接电流 极性	焊接电流 范围/A	电弧电压/V	焊接速度/(mm·min⁻¹)	焊丝伸出长度/mm
打底层	GMAW	直流反接	90～110	18～20	70～90	10～18
填充层	GMAW	直流反接	120～140	20～22	80～100	10～18
盖面层	GMAW	直流反接	120～140	20～22	80～100	10～18

4. 焊接操作

由于是横位焊接，熔化金属在重力作用下易下坠，焊缝成形难以控制。在焊接过程中，手腕的转动和身体上半部分的移动是保持焊枪角度正确的关键。

1）打底焊

调整焊接参数，先在右侧定位焊缝的坡口上侧引弧，然后在上下坡口之间微小摆动，形成完整的透过背面的熔池，然后以小锯齿形摆动焊丝，向左施焊，如图 3 - 8 - 2 所示。

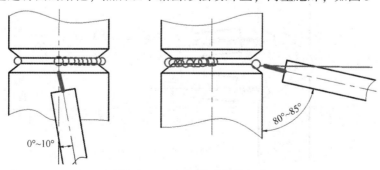

图 3 - 8 - 2 打底层焊枪角度

打底焊应注意以下事项：

（1）注意用电弧将熔化金属送到坡口根部，保证根部熔透，形成熔池后应注意保证熔孔大小一致（以坡口两侧各熔化 0.5 ~ 1 mm 为宜），且两边对称。电弧在熔池中心前方 1 mm 处上下摆动。

（2）焊丝在坡口两侧停留时间比中间要长，每一个往返动作使前熔池重叠后熔池 1/3 ~ 1/4。

（3）手臂和焊枪应随管子弧度变化而相应转动，手腕要灵活，并注意焊枪倾角和与试件夹角的控制。

（4）熄弧时要避免停在坡口中间，否则易产生裂纹和冷缩孔。也不要在坡口下部熄弧，否则容易造成下坡口侧熔化金属下坠，造成焊接缺陷。应在坡口上侧缓慢摆动熄弧，待延迟气体结束后方可移开焊枪。

（5）断弧后继续焊接时要重新调整焊丝的伸出长度，去掉头部凝固的熔滴，并剪成斜坡状，以利于顺利引弧。

（6）引弧位置在原熔孔上侧的坡口内，起弧后稍微停留，待熔池温度上升后，将电弧拉到熄弧处接头，注意对熔池的观察。

清理打底焊道表面的飞溅物和焊渣，用角磨机将局部的凸起磨平，为填充焊做好准备。

2）填充焊

调整焊接工艺参数进行填充焊，焊接方向从右向左。填充焊应注意以下事项：

（1）起焊位置要与打底焊道的接头错开。

（2）焊枪的角度与打底焊相同，但运丝的摆动幅度要比打底焊时的摆动幅度大，在坡口处要稍微停留，以保证良好的熔合。

（3）填充焊道要控制好焊道厚度，以焊道表面低于母材 1.5 ~ 2 mm 为准，不得熔化坡口棱边。

填充焊结束后，清理焊道中的氧化物，打磨焊缝中局部上凸的焊缝，为盖面焊做好准备。

3）盖面焊

为了保证余高对称，盖面焊分两道进行，焊接参数与填充焊相同，焊枪角度如图 3 - 8 - 3 所示。

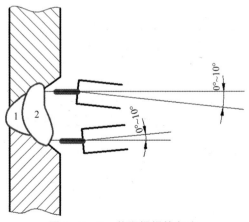

图 3 - 8 - 3　盖面焊焊枪角度

盖面焊操作应注意以下事项：

（1）第一道焊缝采用直线运弧法，保证焊缝两侧熔合良好，以将下坡口边缘线熔合 1.5～2 mm 为准，焊缝金属高于母材表面，余高合适，不得出现焊道下坠。

（2）第二道盖面焊应将第一道覆盖 2/3，在上坡口处稍微停留，同时避免咬边。焊接速度要均匀，保证焊道外形美观，焊缝余高不超标，焊缝对称，收弧时注意利用延迟气体对焊缝的保护。

师傅提示：

（1）由于 CO_2 焊熔覆快、效率高，所以一定要控制好最后一层填充焊道的高度，不得熔化坡口的上棱边。同时，焊接速度要快，尤其是盖面焊，避免余高过高，影响焊缝成形。

（2）对于 CO_2 焊，焊丝送进时有时会有一个反推力，因此焊枪一定要拿稳，且尽量采用短弧焊接，严格控制熔孔的尺寸，避免出现焊瘤等缺陷。

三、焊后清理

（1）焊接完成后，关闭 CO_2 气瓶阀门，点动焊枪开关或焊机面板上的焊接检气开关，放掉减压器里面的余气，关闭焊接电源。

（2）将焊缝表面及其两侧的飞溅物清理干净。

（3）按"6S"现场管理规定清理操作现场，做好使用记录。

◇ 考核评价

试件质量评分表见附录。

焊接工匠故事：

何建英：焊一流高铁，接世界之轨

他从事焊接工作 29 年，对焊接的热爱多年如一日。他善于钻研、勤于动手，用高超的技能和丰富的经验为公司解决了多个焊接技术难题，同时也赢得了一身荣誉：全国五一劳动奖章，全国技术能手，火车头奖，中央企业技术能手，省特等劳动模范，省高级专家，省首席技师，市首席技师，青岛市第十届、第十一届职业技能大赛第一名。他就是中车青岛四方机车车辆股份有限公司（以下简称中车四方）焊接技能大师何建英。本刊记者特邀走访了中车四方，目睹何建英高超技艺的同时，也切身感受到他荣誉背后的艰辛与付出。

17 岁的何建英从技校毕业以后便来到车间从事焊接工作。对于天生"左撇"的他，如果用右手熟练操作焊枪还是有很大难度的。但就凭借着一股不服输的韧劲和坚持不懈的努力，最终他用娴熟的手法与高质量的焊缝向自己交出了满意的答卷。爱琢磨、勤动手是何建英与生俱来的优点，也是焊接大师成长中不可或缺的基本功。何建英在公司的大力支持下，利用业余时间取得了大学学历。正是公司的大力培养与自身的勤奋努力，造就了今天的焊接大师。

公司搭平台，实现个人到团队的跨越

为了进一步加大对焊接高技能人才的培养，发挥焊接高技能人才攻坚克难的实战优势，经中车公司人社部、中车四方人力资源部以及国家实验室的支持与努力，何建英焊接工作室于 2015 年 4 月成立，是四方公司成立的首批技能大师工作室。

何建英焊接工作室自成立以来，以"名师带徒""技术比武""难题攻关"等活动为主线，依托焊接实验室冷金属过渡、高速摄像电弧分析装置等先进装备，借力公司中国焊接协会常务理事单位的行业平台，在全行业展开技术交流、学习活动，力争把工作室建设成为素质提升大课堂、技术创新孵化器、攻坚克难排头兵。

攻坚克难，焊一流高铁

在与何建英交流过程中记者了解到，自工作室成立以来，就对公司生产过程中存在的焊接重点难点问题进行了立项攻关，已完成了斯哥达地铁焊接工艺评定和焊接工艺规程工作，铝合金材料焊接、拉伸、弯曲等性能测位，300 公里高速列车牵引拉杆体焊接，车体厂底架三角补强板焊接试验及机械性能检测等 20 多项试验，完成各项焊接工艺评定 100 多项。

何建英不仅发挥自己的技术优势,解决了生产车间中的多项焊接难题,还在培训工作中总结经验,提出了很多节能降耗的好方法。众所周知,焊接技能培训是一个投资非常大的工作,尤其是不锈钢和铝合金的焊接,因其原材料价格是碳钢的十几倍,所以培训费用更大。针对这个问题,何建英积极想办法降低消耗,提出了采用碳钢替代法。

技术创新,接世界之轨

"中国制造2025"加速了制造业的转型升级,强调应"互联网+"的发展趋势,以信息化与工业化深度融合为主线,重点发展十大领域,其中就包括先进轨直交通装备。这将对轨道交通装备的制造技术提出更高要求,同时也为先进技术的应用提供了更广阔的空间。为了充分发挥工程技术人员与高技能人才的各自优势,何建英工作室与路浩博士结成技术创新团队,承担了公司多项重要的科研项目,主要包括不锈钢、铝合金、碳钢材料电弧点焊试验,铝合金采用三元气焊与采用氢气焊接后力学性能对比分析,螺柱焊以及CMT冷金属焊接与过渡焊接实验等,共同合作先后发表国家级论文30余篇,申报国家发明专利15项,授权实用新型专利9项,获公司科研项目三等奖3项。

转自《金属加工热加工》2015.12.28

模块四 手工钨极氩弧焊实训

钨极惰性气体保护焊是使用纯钨或活化钨（钍钨、铈钨等）作电极的惰性气体保护焊，简称 TIG 焊，由于一般采用氩气作为保护气体，故称钨极氩弧焊。由于钨极本身不熔化，只起发射电子产生电弧的作用，故也称非熔化极氩弧焊。

钨极氩弧焊按其操作方式可分为手工钨极氩弧焊和自动钨极氩弧焊。手工钨极氩弧焊时，焊工一手握焊枪，另一手持焊丝，随焊枪的摆动和前进逐渐将焊丝填入熔池之中。有时也不加填充焊丝，仅将接口边缘熔化后形成焊缝。

本模块按照《特殊焊接技术职业技能等级标准》《轨道交通装备焊接职业技能等级标准》等初、中级职业技能等级要求，面向企业手工钨极氩弧焊中级操作员、初级工艺设计员等工作岗位选取教学载体。

本模块主要内容包括：

（1）掌握不锈钢平敷焊操作技能，熟悉手工钨极氩弧焊操作入门技能。

（2）掌握不锈钢板 T 形接头平角焊、低碳钢板对接平焊单面焊双面成形等手工钨极氩弧焊初级焊接操作技能。

（3）掌握低碳钢板对接 V 形坡口横焊、不锈钢立焊单面焊双面成形，不锈钢管对接垂直固定焊、低碳钢管对接水平焊等手工钨极氩弧焊中级焊接操作技能及工艺参数选择。

任务 4-1 不锈钢平敷焊

任务描述

识读如图 4-1-1 所示试件图样，采用手工钨极氩弧焊实施平敷焊。熟悉手工钨极氩弧焊操作入门技能。

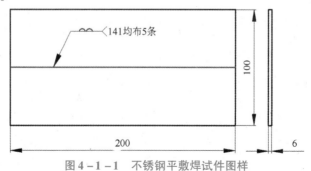

图 4-1-1 不锈钢平敷焊试件图样

（1）试件材料为 200 mm×100 mm×3 mm 的 06Cr19Ni10 板材。
（2）焊接方法采用 TIG 焊，焊接位置为平位。

学习目标

（1）熟悉氩弧焊焊接设备基本原理及特点。
（2）掌握手工钨极氩弧焊引弧、焊接和填丝收弧的操作方法。
（3）熟悉平敷焊的操作技能。

相关知识

一、手工钨极氩弧焊的原理

手工钨极氩弧焊是利用钨极与焊件之间产生的电弧热来熔化附加的填充焊丝（也可不加填充焊丝）及基体金属形成熔池而形成焊缝的。焊接时，氩气流从焊枪喷嘴中连续喷出，在电弧区形成严密的保护气层，将电极和金属熔池与空气隔离，以形成优质的焊接接头。手工钨极氩弧焊的工作原理如图 4-1-2 所示。

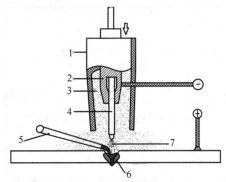

图 4-1-2　手工钨极氩弧焊的工作原理

1—喷嘴；2—钨极夹头；3—保护气体；4—钨极；5—填充金属；6—焊缝金属；7—电弧

二、手工钨极氩弧焊的特点

1. 手工钨极氩弧焊的优点

（1）保护效果好，焊缝质量高。
（2）焊接变形和应力小。
（3）易观察、易操作。
（4）电弧稳定，飞溅少，焊后不用清渣。
（5）易控制熔池尺寸。
（6）可焊的材料范围广。

2. 手工钨极氩弧焊的缺点

（1）设备成本较高。

（2）氩弧焊引弧困难，需要采用高频引弧及稳弧装置等。

（3）氩弧焊产生的紫外线强，生成的臭氧对焊工危害较大，所以要加强防护。

（4）焊接时需要防风措施。

三、手工钨极氩弧焊的基本操作

1. 焊枪运行形式

手工钨极氩弧焊一般采用左焊法，焊枪做直线移动，但为了获得比较宽的焊缝，保证两侧熔合良好，焊枪也可做横向摆动，同时焊丝随焊枪的摆动而摆动，为了不破坏氩气对熔池的保护，应切记摆动频率不能太高，幅度不能太大，并保持高度不变。常用的焊枪运动形式如图 4 - 1 - 3 所示。

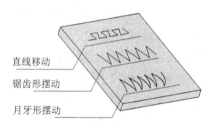

直线移动
锯齿形摆动
月牙形摆动

图 4 - 1 - 3　焊枪运行形式

1）直线移动

焊枪沿焊缝做平稳的直线匀速移动，适合于不锈钢、耐热钢等薄件焊接。其优点是电弧稳定，避免焊缝重复加热，氩气保护效果好，焊接质量稳定。

2）锯齿形摆动

焊枪横向摆动，在两侧略停顿并平稳向前移动。这种运动适用于大的 T 形角焊、厚板搭接角焊、开 V 形及 X 形坡口的对接焊或特殊要求加宽的焊接。

3）月牙形摆动

焊枪在沿焊接方向移动的过程中做月牙形摆动，这种运动适用于立焊及管道水平固定焊等。

2. 焊丝送丝方法

填充焊丝的加入对焊缝质量的影响很大。若送丝过快，焊缝易堆高，氧化膜难以排除；若送丝过慢，焊缝易出现咬边或下凹，所以送丝动作要熟练。常用的送丝方法有两种，即指续法和手动法。

1）指续法

将焊丝夹在大拇指与食指、中指中间，靠中指和无名指起撑托作用，当大拇指将焊丝向前移动时，食指往后移动，然后大拇指迅速擦焊丝的表面往后移动到食指的地方，大拇指再将焊丝向前移动，如此反复将焊丝不断地送入熔池中，如图 4 - 1 - 3 所示。这种方法适用于较长的焊接接头，焊丝、焊枪与焊件之间角度如图 4 - 1 - 4 所示。

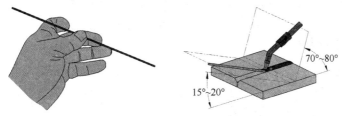

图 4 - 1 - 3　指续法送丝　　　　图 4 - 1 - 4　焊丝、焊枪与焊件之间的角度

2）手动法

将焊丝夹在大拇指与食指、中指之间，手指不动，而是靠手或手臂沿焊缝前后移动和手腕的上下反复运动将焊丝送入熔池中。该方法应用比较广泛。按焊丝送入熔池的方式可分为四种：压入法、续入法、点移法和点滴法。

3. 焊接方法

手工钨极氩弧焊根据焊枪的移动方向及送丝位置分为左焊法和右焊法，如图 4 - 1 - 5所示。

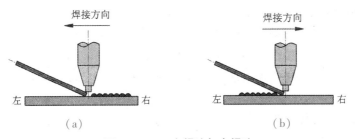

图 4 - 1 - 5　左焊法与右焊法
（a）左焊法；（b）右焊法

1）左焊法

在焊接过程中，焊丝与焊枪由右端向左端移动，焊接电弧指向未焊部分，焊丝位于电弧运动的前方。左焊法焊丝位于电弧前面，该方法便于观察熔池。焊丝常以点移法和点滴法加入，焊缝成形好，容易掌握，因此应用比较普遍。

2）右焊法

在焊接过程中，焊丝与焊枪由左端向右端移动，焊接电弧指向已焊部分，焊丝位于电弧运动的后方。右焊法焊丝位于电弧后面，操作时不易观察熔池，较难控制熔池的温度，但熔深比左焊法深，焊缝较宽，适用于厚板焊接，但操作较难掌握。

工艺分析

06Cr19Ni10 属于奥氏体型不锈钢，其组织为奥氏体（A）+3% ~5%（体积分数）铁素体（F），具有良好的塑性和高温、低温性能。但由于其焊接时热导率小，存在过热区，容易造成热影响区的晶粒长大；若焊缝高温停留时间过长，在高温状态下 Cr 和 C 将形成化合物，会使晶界形成贫铬层，从而导致焊缝的晶间腐蚀倾向加剧。因此，要求尽量选择线能量输入较小的焊接方法。

【任务实施】

一、焊前准备

1. 焊接设备

Panasonic YC－400TX3 手工钨极氩弧焊机。

2. 焊接材料

（1）试件材料与尺寸：200 mm×100 mm×6 mm 的 06Cr19Ni10。

（2）焊丝：ER308 焊丝（H08Mn2SiA），焊丝直径为 φ2.0 mm，氩气纯度 99.99%以上。

（3）焊接设备及辅助工具：直流氩弧焊机，辅助工具有氩气减压器、锉刀、角磨机、清渣锤、钢丝刷、面罩等。

3. 安全检查

（1）劳保用品穿戴规范且完好。

（2）清理工位，不得有易燃、易爆物品。

（3）检查焊机各处的接线是否正确、牢固、可靠。

（4）检查焊机冷却系统是否正常，无堵塞、泄漏。

二、焊接操作步骤

焊接基本操作步骤：焊接准备（焊前清理、调试焊机）→焊接工艺参数确定→焊接→试件清理。

1. 焊接准备

1）焊前清理
焊丝使用前，应用砂布或棉纱清除油、铁锈等污物。

2）调试焊机
正确开启焊机，调整焊接参数，在引弧板上试焊，确保焊机各项性能指标正常可用。

2. 焊接工艺参数

平敷焊焊接工艺卡如表 4－1－1 所示。

表 4－1－1　平敷焊焊接工艺卡

焊丝牌号	焊丝直径/mm	钨极直径/mm	焊接电流/A	氩气流量/（L·mm^{-1}）
ER308	2.0	2.0	70~110	6~7

3. 焊接操作

（1）焊件平放在工作台面上，在不锈钢板的长度方向进行平敷焊，焊道与焊道之间的间距为 20 ~ 30 mm。

（2）焊接方向采用左焊法。焊接过程中，为了便于观察熔池及提高保护性能，焊枪与焊件表面成 70°~80°的夹角，填充焊丝与焊件表面的夹角以 10°~15°为宜，如图 4-1-4 所示。

（3）电弧引燃后，喷嘴与焊接处要保持一定的距离并稍作停留，确保母材上形成熔池后再送给焊丝。填充焊丝时，焊丝的端头切勿与钨极接触，否则焊丝会被钨极沾染，熔入熔池后形成夹钨，并且钨极端头沾有焊丝溶液，端头变为球状影响正常焊接。

（4）焊丝送入熔池的落点应在熔池的前沿处，被熔化后，将焊丝移出熔池（但不能离开氩气保护区，以免灼热的焊丝端头被氧化，降低焊缝质量），然后将焊丝连续送入熔池，直至将整条焊道焊完。

（5）当中途停顿或焊丝用完再继续焊接时，要用电弧把起焊处的熔池金属重新熔化，形成新的熔池后再加入焊丝，并与原焊道重叠 5 mm 左右。在重叠处要添加焊丝，避免接头过高。每块焊件焊后要检查焊接质量。焊缝表面要呈现清晰和均匀的鱼鳞波纹。

4. 试件清理及质量检验

（1）将焊缝表面及其两侧的飞溅物清理干净，严禁破坏焊缝原始表面。

（2）对焊缝表面质量进行目视检验，用 5 倍放大镜观察表面是否存在缺陷。使用焊接检验尺对焊缝进行测量，应满足要求。焊接试件外观质量检查合格后，应进行无损检测。

师傅提示：

作为基础练习，反复调整焊接电流、电弧长度、焊枪角度、焊接速度，仔细观察各参数下电弧燃烧状态、熔池温度、形状、颜色，对比不同参数下的焊缝成形。填丝和运弧的配合，是氩弧焊最基本要求，课余时间练习双手送丝，两手协调。

三、焊后清理

（1）焊接完成后，关闭氩气气瓶阀门，点动焊枪开关或焊机面板上的焊接检气开关，放掉减压器里面的余气，关闭焊接电源。

（2）按 "6S" 现场管理规定清理操作现场，做好使用记录。

考核评价

平敷焊反馈与评价如表 4-1-2 所示。

图 4-1-2 平敷焊反馈与评价

焊丝直径/mm	焊接电流/A	电弧长度/mm	焊枪角度/（°）	运枪方法	焊接速度/（mm·min⁻¹）	焊道宽度/mm	焊道余高/mm
1.6							
1.6							
2.0							
2.0							

任务描述

识读如图4－2－1所示试件图样，采用手工钨极氩弧焊焊接方法实施低碳钢板对接平焊。任务属于手工钨极氩弧焊初级焊接操作技能。

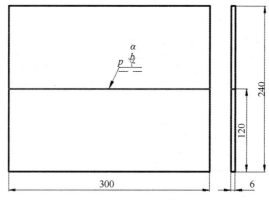

图4－2－1 Ｖ形坡口板对接平焊试件样图

技术要求

（1）试件材料为300 mm×120 mm×6 mm的Q235B钢板。

（2）接头形式为板板对接，焊接位置为平位。

（3）根部间隙 b =2.5～3 mm，坡口角度 α =60°±2°，钝边尺寸 p =0.5～1 mm。

（4）要求单面焊双面成形，具体要求参照评分标准。

学习目标

（1）掌握板对接平焊（手工钨极氩弧焊）的技术要求和操作要领。

（2）能够选择板对接平焊（手工钨极氩弧焊）的焊接参数，编制简单工艺卡。

（3）能够制作出合格的板对接平焊（手工钨极氩弧焊）工件，并达到评分标准的相关要求。

 相关知识

一、手工钨极氩弧焊的设备

手工钨极氩弧焊设备包括焊接电源、焊枪、供气系统、冷却系统、控制系统等部分，如图4－2－2所示。

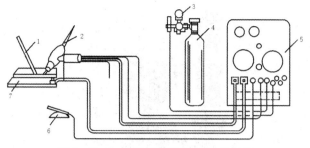

图 4 – 2 – 2　手工钨极氩弧焊设备组成

1—填充金属；2—焊枪；3—流量计；4—氩气瓶；5—焊机；6—开关；7—工件

1. 焊接电源

钨极氩弧焊电源可分为直流电源、交流电源和矩形波弧焊电源，要求弧焊电源的外特性为陡降或垂直下降，以保证弧长变化时焊接电流的波动较小。其中，直流电源可采用硅弧焊整流器、晶闸管弧焊整流器或弧焊逆变器等；交流电源可采用动圈漏磁式变压器；现在焊接铝及其合金时采用矩形波弧焊电源较多。

2. 焊枪

手工氩弧焊焊枪的作用是夹持电极、导电和输送氩气流。手工氩弧焊焊枪分为气冷式焊枪（QQ 系列）和水冷式焊枪（QS 系列）。气冷式焊枪使用方便，但限于小电流（150 A）焊接使用；水冷式焊枪适合大电流和自动焊接使用。

QQ 系列气冷式手工氩弧焊焊枪如图 4 – 2 – 3 所示。焊枪一般由枪体、喷嘴、电极夹持机构、电缆、氩气输入管、水管和开关及按钮等组成。

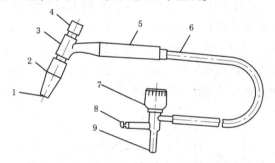

图 4 – 2 – 3　QQ 系列气冷式手工氩弧焊焊枪

1—钨极；2—陶瓷喷嘴；3—枪体；4—短帽；5—手把；
6—电缆；7—气体开关手轮；8—通气接头；9—通电接头

3. 供气系统

氩弧焊的供气系统由氩气瓶、减压器、流量计和电磁阀组成。减压器用以减压和调压，流量计用来调节和测量氩气流量的大小，现常将减压器与流量计制成一体，称为氩气流量调节器，如图 4 – 2 – 4 所示。电磁阀是控制气体通断的装置。

4. 冷却系统

当选用的最大焊接电流在 150 A 以上时，必须通水来冷却焊枪和电极。在冷却水接通并有一定压力后，才能启动焊接设备，通常在 TIG 焊设备中用水压开关或手动来控制水流量。

图4-2-4 氩气流量调节器

5. 控制系统

氩弧焊的控制系统是通过控制线路，对供电、供气、引弧与稳弧等各个阶段的动作程序实现控制。焊接程序为：提前送气→接通电源→引弧→焊接→停电→滞后停气→焊接结束。

二、手工钨极氩弧焊的焊接材料

手工钨极氩弧焊的焊接材料有钨极、焊丝和保护气体。

1. 钨极

手工钨极氩弧焊时，钨极的作用是传导电流、引燃电弧和维持电弧的正常燃烧。常用的钨极有纯钨极、钍钨极和铈钨极三种。

为了方便使用，钨极的一端常涂有颜色，以便于识别。例如，钍钨极涂红色，铈钨极涂灰色，纯钨极涂绿色。常用的钨极直径为 0.5 mm、1.0 mm、1.6 mm、2.0 mm、2.5 mm、3.2 mm、4.0mm、5.0mm 等。铈钨极牌号举例如图4-2-5所示。

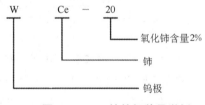

图4-2-5 铈钨极牌号举例

2. 焊丝

选择焊丝的原则是熔敷金属的化学成分或力学性能与被焊材料相当。氩弧焊用焊丝主要分钢焊丝和有色金属焊丝两大类。碳钢、低合金钢焊丝可按 GB/T 8110—2020《气体保护电弧焊用碳钢、低合金钢焊丝》选用，不锈钢焊丝可按 YB/T 5092—2016《焊接用不锈钢焊丝》选用。钢焊丝也可根据 GB/T 14957—1994《熔化焊用钢丝》选用。

焊接有色金属时一般采用与母材相当的焊丝。铜及铜合金根据 CB/T 9460—2008《铜及铜合金焊丝》选用；铝及铝合金根据 GB/T 10858—2008《铝及铝合金焊丝》选用。

3. 保护气体

氩弧焊的保护气体为氩气，氩气是无色、无味的惰性气体，不与金属起化学反应，也不溶解于金属。氩气比空气重25%，使用时气流不易漂浮散失，有利于发挥对焊接区的保护作用。

氩弧焊对氩气的纯度要求很高，如果氩气中含有一些氧、氮和少量其他气体，将会降低氩气的保护性能，对焊接质量造成不良影响。各种金属焊接时对氩气纯度的要求如表4-2-1所示。

表4-2-1　各种金属焊接时对氩气纯度的要求

焊接材料	厚度/mm	焊接方法	氩气纯度（体积分数）/%	电流种类
钛及其合金	>0.5	钨极手工及自动	99.99	直流正接
镁及其合金	0.5~2.0	钨极手工及自动	99.90	交流
铝及其合金	0.5~2.0	钨极手工及自动	99.90	交流
铜及其合金	0.5~3.0	钨极手工及自动	99.80	直流正接或交流
不锈钢、耐热钢	>0.1	钨极手工及自动	99.70	直流正接或交流
低碳钢、低合金钢	>0.1	钨极手工及自动	99.70	直流正接或交流

工艺分析

板对接平焊是其他位置焊接的基础，而手工钨极氩弧焊的操作与焊条电弧焊有较大的区别。氩弧焊对油污、铁锈较为敏感，所以试件应清理干净。相比I形坡口焊接，V形坡口焊接难度增大，但其基本手法还是一样。V形坡口焊接需要从焊件的打磨开始，再进行装配与定位焊，预制反变形，整体分三层三道焊接，打底焊、填充层、盖面焊，其每一层的焊接参数需要根据实际情况做适当的调节。焊接过程中对双手的配合要求较高，因此应多做左手送丝和右手摆动的模拟练习。

【任务实施】

三、焊前准备

1. 焊接设备

Panasonic YC-400TX3手工钨极氩弧焊机。

2. 焊接材料

（1）试件材料与尺寸：300 mm×120 mm×6 mm的Q235B钢板，60°±2° V形坡口，钝边尺寸0.5~1 mm，每组两块。

（2）焊丝：H08Mn2SiA，焊丝直径为ϕ2.5 mm，氩气纯度99.99%以上，钨极为铈钨极，使用前磨成25°~30°的圆锥形。

（3）焊接设备及辅助工具：直流氩弧焊机，辅助工具有氩气减压器、锉刀、角磨机、清渣锤、钢丝刷、面罩等。

3. 安全检查

（1）劳保用品穿戴规范且完好。

（2）清理工位，不得有易燃、易爆物品。

（3）检查焊机各处的接线是否正确、牢固、可靠。

（4）检查焊机冷却系统是否正常，无堵塞、泄漏。

四、焊接操作步骤

焊接基本操作步骤：焊接准备（焊前清理、调试焊机）→装配与定位焊→焊接工艺参数确定→焊接（引弧、打底焊、填充焊、盖面焊）→试件清理，质量检验。

1. 焊接准备

1）焊前清理

焊丝使用前，应用砂布或棉纱清除油、铁锈等污物。焊件需用角磨机或其他机械方法清理试件坡口正、反两侧15～20 mm内的铁锈和氧化皮等污物，使之露出金属光泽。

2）调试焊机

正确开启焊机，调整焊接参数，在引弧板上试焊，确保焊机各项性能指标正常可用。

2. 装配与定位焊

（1）按表4-2-2中的装配尺寸进行试板的装配。

表4-2-2　焊件装配的各项尺寸

坡口角度/（°）	根部间隙/mm		钝边/mm	反变形角度/（°）	错边量/mm
	始焊端	终焊端			
60±2	2.5	3	0.5～1	2～3	≤0.5

（2）采用与焊接焊件相同牌号的焊丝在焊件两端进行定位焊，定位焊缝长度为10～15 mm，焊件装配及定位焊如图4-2-6所示。焊后对装配位置和定位焊质量进行检查，如果错边量比较大，必须进行矫正，控制错边量≤0.5 mm。由于V形坡口是单面焊，两面受热不均，因此需要做2°～3°反变形，如图4-2-7所示。

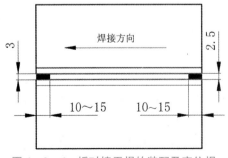

图4-2-6　板对接平焊的装配及定位焊

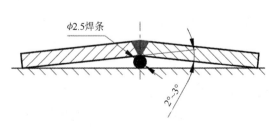

图4-2-7　反变形装配角度

3. 焊接工艺参数的确定

Q235B 材料 V 形坡口板对接平焊焊接工艺卡如表 4 - 2 - 3 所示。

表 4 - 2 - 3　Q235B 材料 V 形坡口板对接平焊焊接工艺卡

焊接方法			TIG			
工件材料、规格			Q235，300 mm × 120 mm × 6 mm			
焊材牌号、规格			H08Mn2SiA，ϕ2.5 mm			
保护气体及流量			氩气，8 ~ 10 L/min			
焊接接头			对接，接头开坡口			
焊接位置			平焊			
预热			焊后热处理			焊层分布示意图
预热温度		—	温度范围		—	
层间温度/℃		≤250	保温时间		—	
预热方式		—	其他		—	
焊接参数						
焊层(道)	焊接方法	焊接电流		电弧电压/V	钨极直径/mm	钨极伸出长度/mm
		极性	范围/A			
打底层	TIG	直流反接	90 ~ 100	11 ~ 13	2.4	5 ~ 7
填充层	TIG	直流反接	100 ~ 120	11 ~ 13	2.4	5 ~ 7
盖面层	TIG	直流反接	120 ~ 130	11 ~ 13	2.4	5 ~ 7

4. 焊接操作

1）打底焊

（1）施焊时，将工件水平放置，装配间隙小的一端置于右侧，以肘为支点由右向左移动以进行焊接，这样既易观察熔池情况又能使电弧更好地保护熔池。平焊时，焊枪与焊丝间的角度如图 4 - 2 - 8 所示。

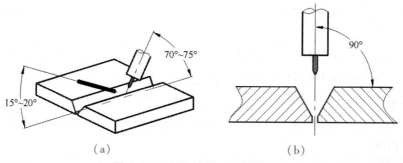

（a）　　　　　　　　（b）

图 4 - 2 - 8　焊枪与焊丝间的角度

（2）引弧后，待电弧正常燃烧形成熔池后少量填入焊丝。背面成形后，电弧要做横向锯齿形摆动到坡口边缘，使电弧热量通过坡口传到焊件上，以减少焊缝中心熔池的温度；同时利用送进熔池的焊丝来降低熔池温度，防止因焊缝中心温度过高，液体金属自重下坠。

（3）施焊时，钨极端部距焊件的高度约2 mm，过高容易混入空气，过低容易与焊件接触产生失重或熔渣粘到钨极上使电弧不能稳定燃烧。

（4）采用断续往复送丝法。即中指和无名指作支撑，拇指和食指作动力捻送焊丝。焊丝必须沿着焊缝间隙送入熔池的前端，可以不直接送入根部，以有效地控制背面成形及余高，使背面焊缝美观、过渡圆滑。

（5）停弧或焊接结束时的熄弧采用衰减法，按控制开关切断电源，电流衰减后熄弧，使焊接熔池在延迟的气体保护下冷却为止，以防止产生缩孔和裂纹。收弧时，要减小焊枪与工件的夹角，加大焊丝熔化量，填满弧坑。

（6）施焊中的接头，如果接头处无氧化物等缺陷，可以直接接头，在收弧后端约5 mm处引弧预热，逐渐将电弧移至弧坑，待形成熔池填入少量焊丝，将弧坑填满后正常运弧送丝，继续施焊，如果接头处存在缺陷，要清理后才能进行接头操作。

（7）电弧始终在坡口内做小幅度横向摆动，并在坡口两侧稍微停留，如图4-2-9所示，使熔孔直径比间隙大0.5~1 mm。焊接时，应根据间隙和熔孔直径的变化来调整横向摆动幅度和焊接速度，尽可能维持熔孔直径不变，以获得宽窄和高低均匀的反面焊缝。依靠电弧在坡口两侧的停留时间来保证坡口两侧熔合良好，使打底层焊道两侧与坡口结合处稍下凹、焊道表面平整，如图4-2-10所示。

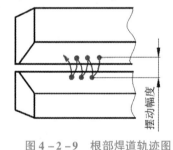
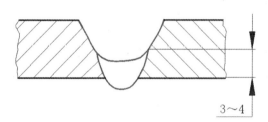

图4-2-9　根部焊道轨迹图　　　　图4-2-10　打底层焊道

注：钨极横摆到"●"处稍停留

2）填充焊

（1）焊接前，先将打底层焊缝表面熔渣及杂物清除。

（2）焊接时，电弧横向摆动幅度比打底焊要宽，电弧要摆动到焊缝的夹角处稍作停顿。

（3）焊接时，钨极、焊枪、焊丝的角度与打底层相同。为了使夹角处更好的熔合，防止未焊透、未熔合缺陷，电弧运行时从一边到另一边的速度要快，焊丝要送到夹角处的熔池里，随着电弧往返运行。

（4）焊接时，填充层焊完后的焊缝比坡口低约0.5 mm，以便盖面焊时看清坡口，保证焊缝的平直度。

3）盖面焊

（1）焊接前，先将填充层焊缝表面熔渣等杂物清除。

（2）焊接时，钨极、焊枪、焊丝的角度与打底层相同，同时要根据焊缝的余高来确定填丝速度和焊接速度。

（3）焊接时，电弧做锯齿形摆动，摆幅比填充焊时宽，保证熔池两侧超过坡口棱边 0.5～1.5 mm，摆幅要一致，送丝速度要均匀。电弧摆动到坡口两边缘时稍作停顿，使焊缝熔合良好，避免咬边。要控制好熔池形状和大小。

5. 试件清理及质量检验

（1）将焊缝表面及其两侧的飞溅物清理干净，严禁破坏焊缝原始表面。

（2）对焊缝表面质量进行目视检验，用 5 倍放大镜观察表面是否存在缺陷。使用焊接检验尺对焊缝进行测量，应满足要求。焊接试件外观质量检查合格后，应进行无损检测。

五、焊后清理

（1）焊接完成后，关闭氩气气瓶阀门，点动焊枪开关或焊机面板上的焊接检气开关，放掉减压器里面的余气，关闭焊接电源。

（2）按"6S"现场管理规定清理操作现场，做好使用记录。

师傅提示：

（1）清洁。焊接前应将试板彻底清理干净，尤其是焊缝两侧和坡口面。

（2）稳定。焊接时要保证焊枪匀速运动，最好是能找一个可靠的支点（如右手小指竖立并接触工件的垫板），减少手的抖动。

（3）配合。配合是指左手的送丝和右手焊枪的摆动应配合、协调一致。

（4）由于氩弧焊的热量集中，熔深较大且是多层焊，焊件热量会越来越高，所以，打底焊时尽量少焊，且速度尽可能快，焊枪摆动与送丝要协调，摆动轨迹为"之"字形。

 考核评价

试件质量评分表见附录。

任务 4-3　不锈钢板 T 形接头平角焊

任务描述

识读如图 4-3-1 所示试件图样，采用手工钨极氩弧焊方法实施不锈钢板 T 形接头平角焊。任务属于手工钨极氩弧焊初级焊接操作技能。

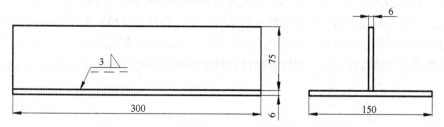

图 4-3-1　不锈钢板 T 形接头平角焊试件图样

（1）试件材料为 300 mm × 150 mm × 6 mm，300 mm × 75 mm × 6 mm 的 06Cr19Ni10 钢板。

（2）接头形式为 T 形接头，焊接位置为平角焊。

（3）根部间隙 $b = 0 \sim 0.5$ mm，$K = 3$ mm。

（1）熟悉常见焊接参数的选择方法。

（2）掌握不锈钢 T 形接头平角焊（手工钨极氩弧焊）操作要领，焊接参数选择方法，编制简单工艺卡。

（3）能够制作出合格不锈钢 T 形接头平角焊（手工钨极氩弧焊）工件。

一、手工钨极氩弧焊的焊接参数

手工钨极氩弧焊的焊接参数主要有电源种类和极性、钨极直径及端部形状、焊接电流、氩气流量和喷嘴直径、焊接速度、电弧电压、喷嘴与焊件间的距离等。

1. 电源种类和极性

手工钨极氩弧焊采用的电源种类和极性与所焊金属及其合金种类有关，因而需根据不同材料选择。

1）直流反接

手工钨极氩弧焊采用直流反接时（即钨极为正极、焊件为负极），钨极容易过热熔化，同样直径的钨极的许用焊接电流非常小且熔深浅，所以很少采用。但是，直流反接具有去除氧化膜的作用，对焊接铝、镁及其合金有利。

2）直流正接

手工氩弧焊采用直流正接时（即钨极为负极、焊件为正极），钨极发热量小，不易过热，同样直径的钨极可以用较大的焊接电流，工件发热量大，熔深大，生产率高。钨极为阴极，热电子发射能力强，电弧稳定而集中。因此，大多数金属宜采用直流正接。

3）交流电源

由于交流电的极性是不断变化的，在交流正极性的半周波中（钨极为负极），钨极可以得到冷却，以减小烧损；而在交流负极性的半周波中（焊件为负极）有阴极破碎作用，可以清除熔池表面的氧化膜。因此，交流手工氩弧焊兼有直流手工氩弧焊正、反接的优点，是焊接铝、镁及其合金的最佳方法。焊接各种材料时电源种类和极性的选择如表 4 - 3 - 1 所示。

表 4 – 3 – 1　焊接各种材料时电源种类和极性的选择

电源种类和极性	被焊金属材料
直流正接	低碳钢，低合金钢，不锈钢，耐热钢，铜、钛及其合金
直流反接	适用于各种金属的熔化极氩弧焊，氩弧焊很少采用
交流电源	铝、镁及其合金

2. 钨极直径及端部形状

钨极直径主要按焊件厚度、焊接电流电源极性来选择。如果钨极直径选择不当，将造成电弧不稳、严重烧损钨极和焊缝夹钨等问题。钨极端部形状对电弧稳定性有一定影响，交流钨极氩弧焊时，一般将钨极端部磨成圆珠形；直流小电流施焊时，钨极可以磨成尖锥角；直流大电流时，钨极端部宜磨成直角，如图 4 – 3 – 2 所示。

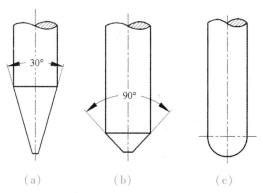

图 4 – 3 – 2　常用钨极端部形状

（a）直流小电流；（b）直流大电流；（c）交流

3. 焊接电流

焊接电流主要根据焊件厚度钨极直径和焊缝空间位置来选择，其值过大或过小都会使焊缝成形不良或产生焊接缺陷。各种直径钨极的许用电流范围如表 4 – 3 – 2 所示。

表 4 – 3 – 2　各种直径钨极的许用电流范围

钨极直径/mm	1.0	1.6	2.4	3.2	4.0	电源极性
许用电流范围/A	15 ~ 80	70 ~ 150	150 ~ 250	250 ~ 400	400 ~ 500	直流正接
	—	10 ~ 20	15 ~ 30	25 ~ 40	40 ~ 55	直流反接
	20 ~ 60	60 ~ 120	100 ~ 180	160 ~ 250	200 ~ 320	交流电源

4. 氩气流量和喷嘴直径

氩气流量过小，气流挺度差，易受到外界气流的干扰，降低了气体保护效果；氩气流量过大，则不仅浪费，还容易形成紊流而使空气卷入，反而对保护不利，同时，带走电弧区的热量较多，影响电弧稳定燃烧。通常氩气流量在 3 ~ 20 L/min。喷嘴直径通常随着氩气流量的增加而增加，一般为 5 ~ 14 mm。

5. 焊接速度

在一定的钨极直径、焊接电流和氩气流量条件下，焊接速度过快，会使保护气流偏离钨极与熔池而影响气体保护效果，易产生未焊透等缺陷；焊接速度过慢，焊缝易咬边和烧穿。因此，应选择合适的焊接速度。焊接速度对氩气保护效果的影响如图 4-3-3 所示。

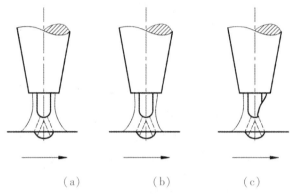

（a）　　　　　（b）　　　　　（c）

图 4-3-3　焊接速度对氩气保护效果的影响

（a）焊枪不动；（b）正常速度；（c）速度过大

6. 电弧电压

电弧电压增大时，焊缝厚度减小，熔宽显著增加，气体保护效果随之变差。当电弧电压过高时，易产生未焊透、焊缝被氧化和气孔等缺陷。因此，应尽量采用短弧焊，电弧电压一般为 10~24 V。

7. 钨极与焊件间的距离

钨极与焊件间的距离以 5~15 mm 为宜。距离过大，气体保护效果差；若距离过小，虽对气体保护有利，但能观察的范围和保护区域将变小。可通过测定氩气有效保护区的直径来判断喷嘴与焊件间的距离是否合适。

8. 钨极伸出长度

钨极伸出长度是指钨极端部突出喷嘴端而以外的距离。伸出长度小时，保护效果好，但妨碍观察熔化状况，对操作不利；伸出长度大时，气体保护效果差。一般对接焊时钨极伸出长度为 3~6 mm，焊接角焊缝时为 7~8 mm。

工艺分析

T 形接头是一种常用的焊接接头，在生产中常用于箱形结构、支架、脚座等的焊接中。TIG 焊明弧焊接给操作带来了方便，熔池易于观察和控制，但操作不当也会造成根部未焊透等缺陷。不锈钢液态熔池的表面张力大、润湿能力差，且高温停留时间不宜过长，否则会因产生晶间腐蚀而降低接头性能。应选择较大的焊接电流、较快的焊接速度，尽量避免横向摆动。

【任务实施】

二、焊前准备

1. 焊接设备

Panasonic YC-400TX3 手工钨极氩弧焊机。

2. 焊接材料

（1）试件材料与尺寸：300 mm × 150 mm × 6 mm，300 mm × 75 mm × 6 mm 的 06Cr19Ni10 钢板，坡口尺寸如图 4-3-1 所示。

（2）焊丝：ER308，焊丝直径为 ϕ2.5 mm，氩气纯度 99.99% 以上。

（3）焊接设备及辅助工具：直流氩弧焊机，辅助工具有氩气减压器、锉刀、角磨机、清渣锤、钢丝刷、面罩等。

3. 安全检查

（1）劳保用品穿戴规范且完好。

（2）清理工位，不得有易燃、易爆物品。

（3）检查焊机各处的接线是否正确、牢固、可靠。

（4）检查焊机冷却系统是否正常，无堵塞、泄漏。

三、焊接操作步骤

焊接基本操作步骤：焊接准备（焊前清理、调试焊机）→装配与定位焊→焊接工艺参数确定→焊接→试件清理→质量检验。

1. 焊接准备

1）焊前清理

焊丝使用前，应用砂布或棉纱清除油、铁锈等污物。焊件需用角磨机或其他机械方法清理试件焊接处，使之露出金属光泽。

2）调试焊机

正确开启焊机，调整焊接参数，在引弧板上试焊，确保焊机各项性能指标正常可用。

2. 装配与定位焊

I 形坡口角接，装配间隙为 0~0.5 mm，否则热量散失大，容易造成根部未焊透缺陷。试件两端点固，反变形量约为 3 mm，如图 4-3-4 所示。压紧试件，钨极伸出长度为 5~6 mm，喷嘴接触平、立两板，钨极对准试件左侧根部，按动引弧按钮引燃电弧，对根部进行加热，待根部熔化形成熔池后填充焊丝，向右移动电弧。焊缝长度为 10~15 mm，然后调整间隙（击打试件右侧，使立板与平板紧密接触），再点固右侧，如图 4-3-5 所示。

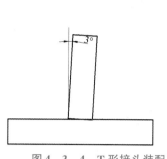

图 4 - 3 - 4　T 形接头装配

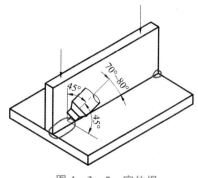

图 4 - 3 - 5　定位焊

3. 焊接工艺参数的确定

不锈钢板 T 形接头平角焊 TIG 焊的焊接工艺卡如表 4 - 3 - 3 所示。

表 4 - 3 - 3　不锈钢板 T 形接头平角焊 TIG 焊的焊接工艺卡

焊接方法	TIG	
工件材料、规格	06Cr19Ni10，300 mm × 150 mm × 6 mm，300 mm × 75 mm × 6 mm	
焊材牌号、规格	ER308，ϕ2.5 mm	
保护气体及流量	氩气，8 ~ 10 L/min	
焊接接头	对接，接头开坡口	
焊接位置	平角焊	

预热		焊后热处理		焊接工艺流程
预热温度	—	温度范围	—	1. 焊接准备（焊前清理、调试焊机）
层间温度/℃	≤250	保温时间	—	2. 试件装配、定位焊
预热方式	—	其他	—	3. 焊接工艺参数选择及调试
焊接参数				4. 焊接（打底焊、填充焊、盖面焊）

焊接道次	焊接层次	焊接电流		电弧电压/V	钨极直径/mm	钨极伸出长度/mm	5. 试件清理，质量检验
		极性	范围/A				
1	第1焊层	直流正接	90 ~ 100	8 ~ 12	2.5	5 ~ 7	

4. 焊接操作

1）调整钨极长度

调整方法如图 4 - 3 - 6 所示，使焊枪钨极与底板成 45°夹角，并与立板和底板接触，钨极高度调整至距离角焊缝 1 mm 左右。

2）引弧

在焊件左侧的焊缝上引弧，先不填充焊丝，引弧后焊枪稍做摆动，待定位焊缝开始熔化形成熔池后，开始填充焊丝，并向左焊接，如图 4 - 3 - 7 所示。

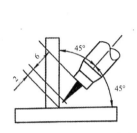

图 4 - 3 - 6　钨极长度调整方法

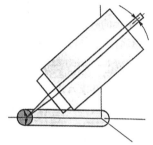

图 4 - 3 - 7　引弧位置

3）焊接

焊接焊脚高度 3 mm，不需多层焊，在定位焊缝的背面采用单层单道焊。为获得较好的焊缝成形，采用左向焊法。调节焊接电流，收弧电流，戴好头盔面罩，左手握焊丝，右手握焊枪，距右端 15 ~ 20 mm 处倾斜喷嘴接触试件（钨极不能接触试件），按动引弧按钮引燃电弧，电流开始上升，调整喷嘴高度，电弧长度 2 ~ 3 mm，调整焊丝角度为 10° ~ 15°，缓慢回拉电弧到右端端部稍作停顿，此时，钨极对准根部尖端，与工件夹角成 45°，前进角 70° ~ 80°；待根部熔化并形成熔池，填加一滴熔滴，向前摇摆电弧，待形成新熔池，再填加一滴熔滴，如图 4 - 3 - 8 所示。根据焊脚高度的需要，调整焊丝送给量，使焊脚高度达到 3 mm 为好，焊道余高不宜太大。

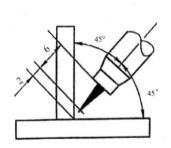

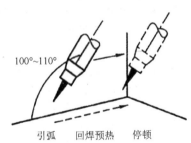

图 4 - 3 - 8　焊接起始操作及参数

正常焊接过程中，焊枪（电弧）摆动应始终一致，即摆动幅度宽窄相等，前移步伐大小相等，摆动速度相等，每次送丝要送到熔池的前 1/3 处，如图 4 - 3 - 9 所示。实际上，焊接过程应注意观察根部熔化情况，并随时调整摆动方法，以及步伐大小；电弧的移动取决于根部的熔化以及焊趾的熔合情况，一定要使根部熔化，焊趾熔合后电弧才可以前移；送丝则取决于熔池的温度高低及焊趾熔合的情况，熔池温度低时，就需要降低送丝速度，减少焊丝填充量；当熔池温度高时，就需要加快送丝速度，增加焊丝填充量。理想的焊缝断面应该是无余高或小余高，过凸（余高过大）的焊缝不合格。所以焊接中，在保证熔合良好的情况下，尽量加快焊接速度，以降低余高。角焊缝的断面形状如图 4 - 3 - 10 所示。

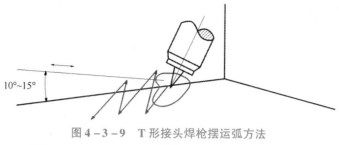

图 4 – 3 – 9　T 形接头焊枪摆运弧方法

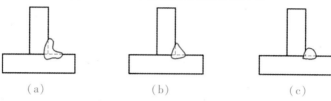

图 4 – 3 – 10　角焊缝断面形状

（a）凹面焊道，无余高，合格；（b）平面焊道，余高小，合格；（c）凸面焊道余高过大，不合格

5. 试件清理及质量检验

（1）将焊缝表面及其两侧的飞溅物清理干净，严禁破坏焊缝原始表面。

（2）对焊缝表面质量进行目视检验，用 5 倍放大镜观察表面是否存在缺陷。使用焊接检验尺对焊缝进行测量，应满足要求。焊接试件外观质量检查合格后，应进行无损检测。

师傅提示：

　　手工钨极氩弧焊焊丝加入熔池的方式对焊接质量极为重要，根据材质，焊接位置，焊丝送入时机，送入熔池的位置、角度和深度不同，可分为两种：

　　（1）断续送丝法。焊接时，将焊丝末端在氩气保护层内往复断续地送入熔池的前 1/4 ~ 1/3 处。焊丝移出熔池时不可脱离气体保护区，送入时不可接触钨极，不可直接送入弧柱内。这种方法使用电流较小，焊接速度较慢。

　　（2）连续送丝法。在焊接时，将焊丝插入熔池一定位置，随着焊丝的送进，电弧同时向前移动，熔池逐渐形成。这种方法使用电流较大，焊接速度快，质量也较好，成形也美观，但操作技术要求高。

三、焊后清理

（1）焊接完成后，关闭氩气气瓶阀门，点动焊枪开关或焊机面板上的焊接检气开关，放掉减压器里面的余气，关闭焊接电源。

（2）按"6S"现场管理规定清理操作现场，做好使用记录。

考核评价

试件质量评分表见附录。

任务描述

　　识读如图4-4-1所示试件图样，采用手工钨极氩弧焊方法实施板对接横焊。任务属于手工钨极氩弧焊中级焊接操作技能。

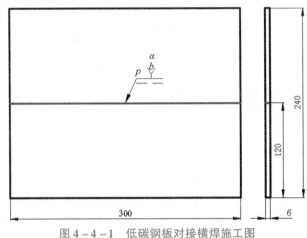

图4-4-1　低碳钢板对接横焊施工图

技术要求

　　（1）试件材料为300 mm×120 mm×6 mm的Q235B钢板。

　　（2）接头形式为板板对接，焊接位置为横位。

　　（3）根部间隙 $b = 3.5 \sim 4.0$ mm，坡口角度 $\alpha = 60° \pm 2°$，钝边尺寸 $p = 0.5 \sim 1$ mm。

　　（4）要求单面焊双面成形，具体要求参照评分标准。

学习目标

　　（1）熟悉氩弧焊设备保养及常见故障排除方法。

　　（2）掌握板对接横焊（手工钨极氩弧焊）操作要领、焊接参数选择，编制简单工艺卡。

　　（3）能够制作出合格的板对接横焊（手工钨极氩弧焊）工件。

相关知识

一、氩弧焊设备的保养

　　（1）正确安装焊机，并应检查铭牌电压值与电网电压值是否相符，不相符时严禁使用。

（2）焊接设备在使用前，必须检查水管和气管等的连接是否良好，以保证焊接时正常供水、供气。

（3）焊机外壳必须接地，未接地或地线不合格时不准使用。

（4）定期检查焊枪钨极夹头的夹紧情况和喷嘴的绝缘性能是否良好。

（5）工作完毕或临时离开工作场地时，必须切断焊机的电源，关闭水源及气瓶阀门。

（6）必须建立健全焊机一、二级设备保养制度并定期保养。

（7）操作者在工作前，应仔细阅读焊接设备的使用说明书，掌握焊接设备的结构和使用方法。

二、钨极氩弧焊机常见故障和消除方法（见表 4 - 4 - 1）

表 4 - 4 - 1　钨极氩弧焊机常见故障和消除方法

故障现象	产生原因	消除方法
电源开关接通，指示灯不亮	1. 开关损坏； 2. 熔断器烧坏； 3. 控制变压器损坏； 4. 指示灯损坏	1. 更换开关； 2. 更换熔断器； 3. 修复或更换控制变压器； 4. 更换指示灯
控制线路有电，但焊机不能启动	1. 焊枪的开关接触不良； 2. 继电器出故障	1. 检修或更换开关； 2. 检修或更换继电器
焊机启动后，振动器放电，但引不起电弧	1. 电网电压太低； 2. 接地线太长； 3. 工件接触不良； 4. 火花塞间隙不合适	1. 提高电网电压； 2. 缩短接地线； 3. 清理焊件； 4. 调节火花塞间隙
焊机启动后，无氩气输送	1. 按钮开关接触不良； 2. 电磁阀故障； 3. 气路不通； 4. 控制线路故障； 5. 气体延时线路故障	1. 修理或更换按钮； 2. 修理或更换电磁阀； 3. 检查气路； 4. 检修控制线路； 5. 检修气体延时线路
电弧引燃后，焊接过程中电弧不稳	1. 脉冲引燃不工作，指示灯不亮； 2. 消除直流分量的元件故障	1. 检查开关、熔断器、变压器及指示灯，如有损坏则更换； 2. 修复或更换故障元件

工艺分析

板对接横焊的操作难度较大，主要是由于液态金属下坠，容易在焊缝上部产生咬边，下部成形不良，甚至出现焊瘤等缺陷。横焊时的电流比平焊小，比立焊稍大。施焊中的引弧、收弧、接头、送丝和焊枪移动方式等基本操作要领均与平焊相同。焊层分为三层四道，如图 4 - 4 - 2 所示。

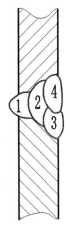

图 4 - 4 - 2　Ⅴ形坡口板对接横焊焊层

【任务实施】

一、焊前准备

1. 焊接设备

Panasonic YC - 400TX3 手工钨极氩弧焊机。

2. 焊接材料

（1）试件材料与尺寸：300 mm×120 mm×6 mm 的 Q235B 钢板，坡口尺寸如图 4 - 4 - 1 所示。

（2）焊丝：H08Mn2SiA，焊丝直径为 $\phi2.5$ mm，氩气纯度 99.99% 以上。

（3）焊接设备及辅助工具：直流氩弧焊机，辅助工具有氩气减压器、锉刀、角磨机、清渣锤、钢丝刷、面罩等。

3. 安全检查

（1）劳保用品穿戴规范且完好。

（2）清理工位，不得有易燃、易爆物品。

（3）检查焊机各处的接线是否正确、牢固、可靠。

（4）检查焊机冷却系统是否正常，无堵塞、泄漏。

二、焊接操作步骤

焊接基本操作步骤：焊接准备（焊前清理、调试焊机）→装配与定位焊→焊接工艺参数确定→焊接（引弧、打底焊、填充焊、盖面焊）→试件清理→质量检验。

1. 焊接准备

1）焊前清理

焊丝使用前，应用砂布或棉纱清除油、铁锈等污物。焊件需用角磨机或其他机械方法清理试件焊接处，使之露出金属光泽。

2）调试焊机

正确开启焊机，调整焊接参数，在引弧板上试焊，确保焊机各项性能指标正常可用。

2. 装配与定位焊

（1）焊件装配的各项尺寸如表4-4-2所示。

表4-4-2　焊件装配的各项尺寸

坡口角度/（°）	根部间隙/mm		钝边/mm	反变形角度/（°）	错边量/mm
	始焊端	终焊端			
60±2	3.5	4	0.5	4	≤0.5

（2）在焊件两端进行定位焊，定位焊缝长度为10～15 mm，焊件装配及定位焊如图4-4-3所示。

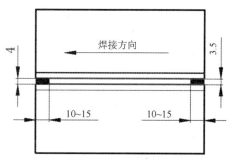

图4-4-3　板厚6 mm焊件的装配与定位焊

（3）上架固定。将点焊好的焊接试件固定在焊接夹具上，其高度根据自身需求决定，但焊缝最高点距地面不得超过1.2 m。定位焊缝应焊牢，防止开裂，焊前将定位点打磨成斜坡状，以利于接头，装配定位时应防止错边。

3. 焊接工艺参数的确定

Q235B材料V形坡口对接横焊焊接工艺卡如表4-4-3所示。

表4-4-3　Q235B材料V形坡口对接横焊焊接工艺卡

焊接方法	TIG	
工件材料、规格	Q235，300 mm×120 mm×6 mm	
焊材牌号、规格	H08Mn2SiA，φ2.5 mm	
保护气体及流量	氩气，7～9 L/min	
焊接接头	对接，接头开坡口	
焊接位置	横焊	

预热		焊后热处理			焊接工艺流程
预热温度	—	温度范围		—	1. 焊接准备（焊前清理、调试焊机）
层间温度/℃	≤250	保温时间		—	2. 试件装配、定位焊
预热方式	—	其他		—	3. 焊接工艺参数选择及调试
焊接参数					4. 焊接（打底焊、填充焊、盖面焊）
焊接道次	焊接层次	焊接电流		电弧电压/V	钨极直径/mm	钨极伸出长度/mm	5. 试件清理，整理现场

焊接道次	焊接层次	极性	范围/A	电弧电压/V	钨极直径/mm	钨极伸出长度/mm	
1	打底层	直流正接	85~95	14~17	2.5	4~6	
2	填充层	直流正接	95~100	14~17	2.5	4~6	
3	盖面层	直流正接	100~105	15~17	2.5	4~6	

4. 焊接操作

1）打底焊

（1）先将钢板垂直固定，焊缝处于水平位置，间隙小的一端放置在右侧。焊接顺序采用从右向左的左焊法。在焊接过程中，左手拿焊丝，焊枪角度与焊丝位置如图4-4-4所示。

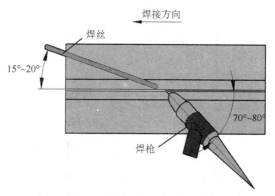

图4-4-4　焊枪、焊丝的位置和角度

（2）先在工件的右端定位焊缝上引弧，焊枪稍停预热，当定位焊缝外侧形成熔池和熔孔后开始送丝。焊丝应沿坡口的上边缘送进熔池，以降低上坡口部位熔池的温度，防止上坡口母材熔化过多，引起上坡口部位咬边，下坡口部位产生焊瘤。当焊丝送进熔池后稍作停留，再轻轻地加力将焊丝推向熔池里面，然后将焊丝后撤，这样能更好地控制打底焊道的高度、成形和熔池温度。焊枪做斜锯齿形摆动，压低电弧向左施焊，施焊过程中注意控制熔池温度和熔孔大小，不断调整焊枪角度、焊接速度和送丝速度，以防止金属下坠。填入焊丝时，位置要正确，动作要熟练，送丝要均匀、有规律，焊枪摆动要平稳、速度一致，以保证打底焊道的质量。

（3）当焊丝用完或因其他原因暂时停止焊接时，需要收弧和接头。收弧和接头的方法与水平对接焊相同。

（4）当焊接到焊缝左侧末端时，应减小焊枪角度，使电弧热量集中在焊丝上，加大焊丝的熔化量，以填满弧坑。弧坑填满后，松开焊枪控制开关，焊接电流衰减，熔池不断缩小，此时将焊丝抽离熔池但不能脱离氩气保护区，待氩气延时 6 ~ 8 s 关闭后再移开焊丝和焊枪。

（5）板对接横焊打底层主要是保证根部焊透，坡口两侧熔合良好。打底焊道熔敷厚度应不超过 3 mm。焊后应对焊道表面进行清理，然后焊接填充层。

2）填充焊

施焊时，焊枪做锯齿形摆动，由右向左施焊，并在坡口两侧稍作停留，注意熔合良好，防止咬边。填充焊道应平整、均匀，并比工件表面低 1 mm 左右，同时保持坡口边缘的原始状态，为盖面焊做好准备。

3）盖面焊

（1）为防止坡口上边缘产生咬边，下边缘下坠凸出，焊接时应注意降低上部坡口的熔池温度，减少上部坡口的母材熔化量，为此盖面层采用一层两道焊法，由坡口下部开始往上施焊，焊枪角度如图 4 - 4 - 5 所示。

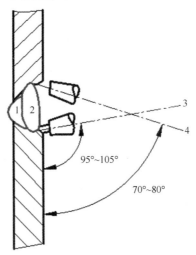

图 4 - 4 - 5　盖面层焊接时焊枪角度

（2）焊接焊道 3 时，将钨极对准填充焊道 2 的下边缘，并以此为中心让焊枪直线运行，使熔池上边缘覆盖填充焊道的 1/2 ~ 2/3，熔池的下边缘超过坡口棱边 0.5 ~ 1.5 mm。

（3）焊接焊道 4 时，电弧以填充焊道的上沿为中心摆动，使熔池的上沿超过坡口上棱边 0.5 ~ 1.5 mm。熔池的下沿与下盖面层焊道均匀过渡。为了保证焊道美观，后一焊道要覆盖前一焊道的 1/2 以上。盖面层后一焊道的焊接速度要快，并加快送丝频率，但应适当减少每次的送丝量。在施焊过程中，焊枪移动和送丝要配合协调，避免上坡口焊后出现咬边。

（4）盖面层焊道接头应彼此错开，错开距离不小于 50 mm。

5. 试件清理及质量检验

（1）将焊缝表面及其两侧的飞溅物清理干净，严禁破坏焊缝原始表面。

（2）对焊缝表面质量进行目视检验，用5倍放大镜观察表面是否存在缺陷。使用焊接检验尺对焊缝进行测量，应满足要求。焊接试件外观质量检查合格后，应进行无损检测。

师傅提示：

（1）在薄板的焊接中，定位焊的电流要比正式施焊电流小5~10 A，以防止焊件烧穿。

（2）薄钢板对接横焊时可根据焊缝长度和熔池温度适当调整电流的大小。

（3）打底焊时，为了保证根部焊透，坡口两侧熔合良好，焊枪上下摆动到坡口处，电弧不要向前带，要控制好熔池形状。

（4）填充层的焊接质量关系到盖面焊的美观，因此，要使钢水上下过渡均匀，不能出现下坠，并且控制好焊接速度，防止烧穿。

（5）在盖面焊的过程中，焊枪摆动要有一定规律，焊接速度平稳，送丝速度均匀，这样才能使盖面焊缝纹路均匀、美观。

三、焊后清理

（1）焊接完成后，关闭氩气气瓶阀门，点动焊枪开关或焊机面板上的焊接检气开关，放掉减压器里面的余气，关闭焊接电源。

（2）按"6S"现场管理规定清理操作现场，做好使用记录。

 考核评价

试件质量评分表见附录。

 任务4-5 不锈钢板对接立焊

识读如图4-5-1所示试件图样，采用手工钨极氩弧焊焊接方法实施不锈钢板对接立焊。任务属于手工钨极氩弧焊中级焊接操作技能。

技术要求

（1）试件材料为 300 mm × 120 mm × 6 mm 的06Cr19Ni10 钢板。

（2）接头形式为板板对接，焊接位置为立位。

（3）根部间隙 $b = 2.0 \sim 3.0$ m，坡口角度 $\alpha = 60° \pm 2°$，钝边尺寸 $p = 0 \sim 0.5$ mm。

（4）要求单面焊双面成形，具体要求参照评分标准。

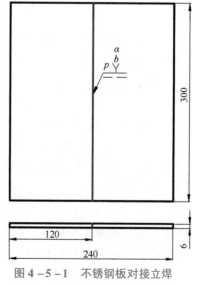

图4-5-1 不锈钢板对接立焊
试件样图

（1）了解不锈钢焊接工艺特点。

（2）掌握板对接立焊（手工钨极氩弧焊）的技术要求和操作要领、焊接参数选择方法，编制简单工艺卡。

（3）能够制作出合格的板对接立焊（手工钨极氩弧焊）工件。

相关知识

不锈钢焊接接头质量的基本要求是确保接头各区的耐蚀性不低于母材。为此，应以保证接头的耐蚀性为原则，采取相应的措施，选择适用的焊接材料和工艺参数。

一、奥氏体不锈钢的焊接工艺

对于奥氏体不锈钢，多数情况下都有耐蚀性的要求。因此，为保证焊接接头质量，需要解决的问题比焊接低碳钢或低合金钢时要复杂得多。在编制工艺规程时，必须考虑备料、装配和焊接等各个环节对接头质量可能带来的影响。此外，奥氏体钢本身的物理性能特点也是编制焊接工艺时必须考虑的重要因素。

奥氏体不锈钢的焊接工艺内容包括焊接方法与焊接材料的选择、焊前准备、焊接工艺参数的确定及焊后处理等。由于奥氏体不锈钢的塑性、韧性好，一般不需焊前预热。

选择奥氏体不锈钢焊接材料时，应使焊缝金属的合金成分与母材成分基本相同，并尽量降低焊缝金属中的碳含量和硫、磷等杂质的含量。

二、铁素体不锈钢焊接工艺

焊接铁素体不锈钢时，热影响区晶粒急剧长大而形成粗大的铁素体。由于铁素体钢在加热时没有相转变发生，这种晶粒粗大的现象会造成明显的脆化，而且也使冷裂纹倾向加大。此外，焊接时，在温度高于 1 000 ℃的熔合线附近快速冷却时会产生晶间腐蚀，但经 650～850 ℃加热并随后缓冷就可以加以消除。

铁素体不锈钢的焊接工艺要点如下：

（1）铁素体不锈钢只允许使用焊条电弧焊进行焊接，为了减小 475 ℃时的脆化，避免焊接时产生裂纹，焊前可以预热，预热温度为 70～150 ℃。

（2）焊接时，尽量缩短在 430～480 ℃的加热或冷却时间。

（3）为防止过热，应尽量减少热输入。例如，焊接时采用小电流、快速焊，焊条最好不要摆动，尽量减少焊缝截面，不要连续焊，即待前一道焊缝冷却到预热温度时再焊下一道焊缝，多层焊时要控制层间温度。

（4）对于厚度大的焊件，为减小焊接应力，每道焊缝焊完后，可用小锤轻轻敲击。

（5）焊后常在 700～750 ℃退火处理，这种焊后热处理可以改善接头韧性及塑性。铁素体一般采用焊条电弧焊方法焊接。

三、马氏体不锈钢焊接工艺

马氏体不锈钢在焊接时有较大的晶粒粗化倾向，特别是多数马氏体钢的成分特点使其组织往往处在马氏体－铁素体边界上。在冷却速度较小时，近缝区会出现粗大的铁素体和碳化物组织，使其塑性和韧性显著下降；冷却速度过大时，由于马氏体不锈钢具有较大的淬硬倾向，会产生粗大的马氏体组织，使塑性和韧性下降。所以，焊接时冷却速度的控制很重要。因其导热性差，马氏体不锈钢焊接时的残余应力也大，容易产生冷裂纹。有氢存在时，马氏体不锈钢还会产生更危险的氢致延迟裂纹。钢中碳含量越高，冷裂纹倾向也越大。此外，马氏体不锈钢也有475℃脆性，但马氏体不锈钢的晶间腐蚀倾向很小。预热和控制层间温度是防止裂纹的主要手段，焊后热处理可改善接头性能。

马氏体不锈钢的焊接工艺要点如下：

（1）为保证马氏体不锈钢焊接接头不产生裂纹，并具有良好力学性能，在焊接时，应进行焊前预热，一般预热温度在150 ～ 400℃。

（2）焊后热处理是防止延迟裂纹和改善接头性能的重要措施，通常在700 ～760℃加热空冷。

马氏体不锈钢采用氩弧焊时，可采用与母材成分相近的焊丝，如焊接1Cr13钢用H1Cr13焊丝。

工艺分析

立焊难度大，主要特点是熔池金属下坠，焊缝成形不好，易出现焊瘤和咬边。因此除具有平焊的基本操作技能外，还应选用偏小的焊接电流，焊枪做上凸月牙形摆动，并应通过调整焊枪角度来控制熔池的凝固。避免液态金属下淌，通过焊枪的移动与填充焊丝的配合，获得良好的焊缝成形。其中，熟练掌握打底层焊道的送丝技巧是关键。

【任务实施】

一、焊前准备

1. 焊接设备

Panasonic YC－400TX3手工钨极氩弧焊机。

2. 焊接材料

（1）试件材料与尺寸：300 mm×120 mm×6 mm的06Cr19Ni10钢板，60°±2°V形坡口，钝边尺寸0～0.5 mm，每组两块。

（2）焊丝：ER308（H06Cr21Ni10），焊丝直径为φ2.0 mm，氩气纯度99.99%以上，钨极为铈钨极，使前磨成25°～30°的圆锥形。

（3）焊接设备及辅助工具：直流氩弧焊机，辅助工具有氩气减压器、锉刀、角磨机、清渣锤、钢丝刷、面罩等。

3. 安全检查

（1）劳保用品穿戴规范且完好。

（2）清理工位，不得有易燃、易爆物品。

（3）检查焊机各处的接线是否正确、牢固、可靠。

（4）检查焊机冷却系统是否正常，无堵塞、泄漏。

二、焊接操作步骤

焊接基本操作步骤：焊接准备（焊前清理、调试焊机）→装配与定位焊→焊接工艺参数确定→焊接（引弧、打底焊、填充焊、盖面焊）→试件清理→质量检验。

1. 焊接准备

1）焊前清理

焊丝使用前，应用砂布或棉纱清除油、铁锈等污物。焊件需用角磨机或其他机械方法清理试件坡口正、反两侧 20 mm 内的铁锈和氧化皮等污物，使之露出金属光泽。

2）调试焊机

正确开启焊机，调整焊接参数，在引弧板上试焊，确保焊机各项性能指标正常可用。

2. 装配与定位焊

（1）焊件装配的各项尺寸如表 4 – 5 – 1 所示。

表 4 – 5 – 1　焊件装配的各项尺寸

坡口角度 /（°）	根部间隙 /mm		钝边 /mm	反变形角度 /（°）	错边量 /mm
	始焊端	终焊端			
60 ± 2	2	3	0.5 ~ 1	3	≤0.6

（2）在焊件两端进行定位焊，定位焊缝长度为 10 ~ 15 mm，焊件装配及定位焊如图 4 – 5 – 2 所示。

（3）上架固定。将点焊好的焊接试件固定在焊接夹具上，其高度根据自身需求决定，但焊缝最高点距地面不得超过 1.2 m。定位焊缝应焊牢，防止开裂，焊前将定位点打磨成斜坡状，以利于接头，装配定位时应防止错边。

3. 焊接工艺参数的确定

不锈钢板对接立焊焊接工艺卡如表 4 – 5 – 2 所示。

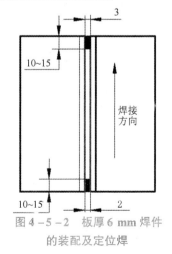

图 4 – 5 – 2　板厚 6 mm 焊件的装配及定位焊

表 4 − 5 − 2　不锈钢板对接立焊焊接工艺卡

焊接方法		TIG		
工件材料、规格		06Cr19Ni10，300 mm×120 mm×6 mm		
焊材牌号、规格		ER308，φ2.0 mm		
保护气体及流量		氩气，7~9 L/min		
焊接接头		对接，接头开坡口		
焊接位置		立焊		

预热		焊后热处理		焊接工艺流程
预热温度	—	温度范围	—	1. 焊接准备（焊前清理、调试焊机）
层间温度/℃	≤250	保温时间	—	2. 试件装配、定位焊
预热方式	—	其他	—	3. 焊接工艺参数选择及调试

| 焊接参数 | | | | | | 4. 焊接（打底焊、填充焊、盖面焊） |

焊层（道）	焊接方法	焊接电流		电弧电压/V	钨极直径/mm	钨极伸出长度/mm	5. 试件清理，整理现场
		极性	范围/A				
1	打底层	直流正接	50~70	10~12	2.0	5~7	
2	填充层	直流正接	80~100	10~12	2.0	5~7	
3	盖面层	直流正接	90~110	10~12	2.0	5~7	

4. 焊接操作

1）打底焊

（1）在试件下端定位焊缝上引燃电弧并移至预先磨出的斜坡处，等熔池基本形成后，再向后压 1~2 个波纹，接头起点不加或少加焊丝，当出现熔孔后即可转入正常焊接。

（2）根据根部间隙大小，焊枪可直线向上或做小幅左右摆动向上施焊。在焊接过程中，左手拿焊丝，焊枪角度与焊丝位置如图 4 − 5 − 3 所示。焊接过程中随时观察熔孔大小，若在运枪过程中，发现熔孔不明显，应暂停送丝，待出现熔孔后再送丝，以避免产生未焊透；若熔孔过大、熔池有下坠现象，应利用电流衰减功能来控制熔池温度以减小熔孔，避免背面焊缝过高。

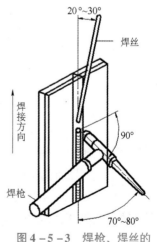

图 4 − 5 − 3　焊枪、焊丝的位置和角度

（3）打底层施焊采用断续送丝，为保证背面焊缝成形饱满，焊丝贴着坡口沿焊缝的上部均匀、有节奏地送进。送丝过程中，当焊丝送入熔池时，电弧已把焊丝端部熔化，应将焊丝端头轻挑向坡口根部，使背面焊缝成形饱满，接着开始第二个送丝动作，直至焊完。打底层焊缝、焊丝向坡口根部挑多大的距离，视背面焊缝的余高而定，若向坡口根部挑得过多，会使背面焊缝余高过高，一般背面焊缝的余高为 0.5 ~ 1.5 mm。焊丝与焊枪的动作要协调，同步移动，注意控制熔池的形状，保持熔池外沿接近椭圆形，防止熔池金属下坠，使焊缝外观平整一致。

（4）当焊丝用完或因其他原因暂时停止施焊时，需要收弧和接头，收弧和接头方法与对接平焊相同。为防止收弧时产生弧坑裂纹和缩孔，则应利用电流衰减控制功能逐渐降低熔池温度，然后将熔池由慢变快引至一侧的坡口面上，以逐渐减小熔深并在最后熄弧时，保持焊枪不动，延长氩气对弧坑的保护。若焊机上没有电流衰减控制功能，则在收弧处慢慢抬起焊枪，并减小焊枪角度，加大焊丝熔化量，待弧坑填满后再切断电源。

2）填充焊

（1）焊接填充层的电流比焊接打底层电流稍大。焊接时焊接方向仍是自下而上，焊丝、焊枪与试件的夹角与焊接打底层时相同。施焊时用焊丝端头轻擦打底层焊缝表面，均匀地向熔池送进。由于填充层坡口变宽，焊枪应做锯齿形或月牙形向上摆动，摆幅度比施焊打底层时要大，在坡口两侧稍作停留，使打底层可能存在的非金属夹渣物浮出填充层表面，但不能破坏坡口棱边，否则盖面层焊接将失去基准，同时也应避免焊缝出现凸形。

（2）填充层焊接接头应与打底层焊接接头错开 30 ~ 50 mm，接头时应在弧坑前 10 mm 左右引电弧，并慢慢移动焊枪到弧坑处时，加入少量焊丝，焊枪稍作停留，形成熔池后，转入正常焊接。

（3）填充层焊道应均匀平整，比试件表面低 1 ~ 1.5 mm，保证坡口边缘为原始状态，为施焊盖面层做好准备。填充层焊道如图 4 - 5 - 4 所示。

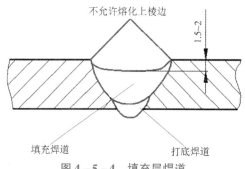

图 4 - 5 - 4　填充层焊道

3）盖面焊

（1）施焊盖面层时，焊枪摆动方向与填充层相同，摆幅应进一步加大，并在焊道边缘稍作停留，熔池两侧熔化坡口边缘 0.5 ~ 1.5 mm。填加焊丝要均匀，焊枪的摆动与送丝要有规律，保持熔池大小一致。施焊过程中，注意压低电弧，调整焊接速度、送丝速度及焊枪角度，防止熔池金属下坠，确保焊缝质量。

（2）盖面层焊道接头与填充层焊道接头错开 30 ~ 50 mm，接头方法与填充层一样，注意防止接头超高或脱节。

5. 试件清理及质量检验

（1）将焊缝表面及其两侧的飞溅物清理干净，严禁破坏焊缝原始表面。

（2）对焊缝表面质量进行目视检验，用 5 倍放大镜观察表面是否存在缺陷。使用焊接检验尺对焊缝进行测量，应满足要求。焊接试件外观质量检查合格后，应进行无损检测。

师傅提示：

　　板对接立焊时，手工钨极氩弧焊不同于焊条电弧焊，后者焊接时有金属熔滴持续过渡进行填充焊接，而前者要靠手工连续添加焊丝进行填充焊接。立焊时，受熔池金属的重力作用和焊接电弧热量的直接作用，易产生钝边豁口过大的现象，从而影响背面成形或形成咬边。操作时应注意：

　　（1）尽量减小焊枪与平板之间沿焊缝垂直方向角度（60°~70°）。

　　（2）运枪时，电弧的位置应在熔池前端 1/3 处。

　　（3）填丝时，电弧可稍作停顿，待饱满后，再进行下一焊波的带孔焊接，焊接操作时，要始终保持电弧拖带熔池的作用效果，避免出现烧穿等现象。

三、焊后清理

（1）焊接完成后，关闭氩气气瓶阀门，点动焊枪开关或焊机面板上的焊接检气开关，放掉减压器里面的余气，关闭焊接电源。

（2）按"6S"现场管理规定清理操作现场，做好使用记录。

考核评价

试件质量评分表见附录。

任务 4-6　不锈钢管对接垂直固定焊

识读如图 4-6-1 所示试件图样，采用手工钨极氩弧焊方法实施管对接垂直固定焊。任务属于手工钨极氩弧焊中级焊接操作技能。

技术要求

（1）试件材料为 ϕ60 mm × 5 mm × 120 mm 的 12Cr18Ni9 钢管。

（2）接头形式为管管对接，焊接为垂直固定焊。

（3）根部间隙 b = 2~3 mm，坡口角度 α = 60° ± 2°，钝边 p = 0~0.5 mm。

（4）要求单面焊双面成形，具体要求参照评分标准。

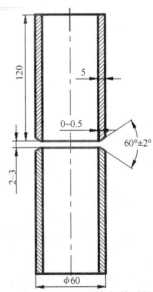

图 4-6-1　不锈钢管对接
垂直固定焊施工图

（1）熟悉常见焊接缺陷及预防措施。

（2）掌握管垂直对接固定焊（手工钨极氩弧焊）的技术要求和操作要领、焊接参数选择及编制简单工艺卡。

（3）能够制作出合格的管垂直对接固定焊（手工钨极氩弧焊）工件。

相关知识

焊缝中若存在缺陷，各种性能将显著降低，以致影响使用和安全。钨极氩弧焊常用于打底焊及重要结构的焊接，故对焊接质量的要求更加严格。常见缺陷的预防和对策如下：

1. 几何形状不符合要求

焊缝外形尺寸超出规定要求，高低和宽窄不一，焊波脱节，凹凸不平，形成不良，背面凹陷，凸瘤等。其危害是减弱焊缝强度，或造成应力集中，降低动载强度。

造成这些缺陷的原因是：焊接规范选择不当，操作技术不熟练，填丝不均匀，熔池形状和大小控制不准确等。预防的对策是：选择合适的工艺参数，熟练掌握操作技术，送丝及时准确，电弧移动一致，控制熔池温度。

2. 焊透和未熔合

焊接时未完全熔透的现象称为未焊透，焊缝金属未透过对口间隙则称为根部未焊透；多层多道焊时，后焊的焊道与先焊的焊道没有完全熔合在一起，则称为层间未焊透。未焊透的危害是减少了焊缝的有效截面积，降低接头的强度和耐蚀性能。这在钨极氩弧焊中是不允许的。

焊接时，焊道与母材之间，未完全熔化结合的部分称未熔合。未熔合往往与未焊透同时存在，两者区别在于：未焊透总是有缝隙，而未熔合是一种平面状态的缺陷，其危害犹如裂纹，对承载要求高和塑性差的材料危害更大，所以未熔合是不允许存在的缺陷。

产生未焊透和未熔合的原因：电流过小，焊速过快，间隙小，钝边厚，坡口角度小，电弧过长或电弧偏吹等；另外还有焊前清理不干净，尤其是铝氧化膜的清除；焊丝、焊柜和工件的位置不准确等。预防的对策是：正确地选择焊接规范，选用适当的破口形式和装配尺寸，熟练掌握操作技术等。

3. 烧穿

焊接过程中，熔化金属自背面流出，形成的穿孔缺陷称为烧穿，产生的原因与未焊透正好相反，熔池温度过高和焊丝送给不及时是主要原因。烧穿能降低焊缝强度，引起应力集中和裂纹。烧穿是不允许存在的缺陷，必须补焊。预防方法是：选择合适的工艺参数，装配尺寸准确，操作技术熟练。

4. 裂纹

在焊接应力及其他致脆因素作用下，焊接接头中局部区域的金属原子结合遭到破坏而形成的缝隙，它具有尖锐的缺口和大长宽比等特征。裂纹有热裂纹和冷裂纹之分。焊接过程中，焊缝和热影响区金属到固相线附近的高温区产生裂纹。焊接接头冷却到较低温度下（对钢来说在马氏体转变温度以下，大约为230℃）时产生的裂纹叫作冷裂纹。冷却到室温并在以后的一定时间内才出现的冷裂纹叫作延迟裂纹。裂纹不仅能减少金属的有效截面积，降低接头强度，影响结构的使用性能，而且会造成严重的应力集中。在使用过程中裂纹能继续扩展以致发生脆性断裂，所以裂纹是最危险的缺陷，必须完全避免。

热裂纹的产生是冶金因素和焊接应力共同作用的结果。多发生在杂质较多的碳钢、纯奥氏体钢、镍基合金和铝合金的焊缝中。预防的对策比较少，主要是减少母材和焊丝中易形成低熔点共晶的元素，特别是硫和磷。

采取变质处理，既在钢中加入细化晶粒元素钛、钼、钒、铌、铬和稀土等，能细化一次结晶组织，减少高温停留时间和改善焊接应力。

冷裂纹的产生是材料有淬硬倾向、焊缝中扩散氢含量多和焊接应力三要素作用的结果。预防的对策比较多，如限制焊缝中的扩散氢含量，降低冷却速度和减少高温停留时间，以改善焊缝和热影响区组织结构；采用合理的焊接顺序，以减少焊接应力；选用合理的焊丝和工艺参数，减少过热和晶粒长大倾向；采用正确的收弧方法，以填满弧坑；严格焊前清理；采用合理的坡口形式以减小熔合比。

5. 气孔

焊接时，熔池的气泡在凝固时未逸出而残留在金属中形成的孔穴，称为气孔。常见的气孔有三种：氢气孔呈喇叭形；一氧化碳气孔呈链状；氮气孔呈蜂窝状。焊丝、焊件表面有油污、氧化皮、潮气、保护气体不纯或熔池在高温下氧化等，都是产生气孔的原因。

气孔危害是降低接头强度和致密性，造成应力集中时可能是裂纹的起源。预防的措施：焊丝和焊件应清理干净并干燥，保护气应符合标准要求，送丝及时，熔滴的过渡要快而准，焊枪移动平稳，防止熔池过热沸腾，焊枪的摆幅不能过大，焊丝、焊枪和焊件间要保持合适的相对位置和焊速。

6. 夹渣和夹钨

由于焊接冶金产生，焊后残留在焊缝金属中的非金属杂质如氧化物、硫化物等，称为夹渣。钨极电流过大或与焊丝碰撞而使钨极端头熔化入池中，产生夹钨。

产生夹渣的原因有：焊前清理不彻底，焊丝熔化端严重氧化。预防对策为：保证焊前清理质量，焊丝熔化端始终保持处于气体保护区内。预防打钨的对策：选择合适的钨极及其直径和焊接电流，提高操作技术，正确修磨钨极端部尖角，发生打钨时应重新修磨。

7. 咬边

沿焊趾的母材熔化后，未得到焊缝金属的补充，所留下的沟槽称为咬边，有表面咬边和根部咬边两种。产生咬边的原因：电流过大，焊枪角度错误，填丝过慢或位置不准，焊速过快等。钝边和坡口面熔化过深，使熔化金属难以填充满而产生根部咬边，尤其在横焊的上侧。咬边多产生在立角点焊、横焊上侧和仰焊部位。富有流动性的金属更容易产生咬边，如含镍较高的低温钢、钛金属等。

咬边的危害是降低接头的强度，容易形成应力集中。预防的对策是：选择合适的工艺参数，操作技术要熟练，严格控制熔池形状大小，熔池应填满，焊速合适，位置要准确。

8. 焊道过烧和氧化

焊道内、外表面有严重的氧化物。产生的原因：气体保护效果差，气体不纯，流量小等，熔池温度过高，如电流大、焊速慢、填丝缓慢等；焊前清理不干净，钨极伸出过长，电弧长度过大，钨极及喷嘴不同心等。焊接铬镍奥氏体钢时，内部产生花生状氧化物，说明内部充气不足或密封性不好。焊道过烧会严重降低接头的使用性能，必须找出产生原因，制定预防措施。

9. 偏弧

产生的原因：钨极不直，钨极端部形状不准确，产生打钨后未修磨，焊枪角度或位置不正确，熔池形状或填丝错误。

10. 工艺参数不合适产生的缺陷

电流过大：咬边、焊道表面平面宽、氧化或烧穿。

电流过小：焊道窄而高、与母材过渡不圆滑、熔合不良、未焊透或未熔合。

焊速太快：焊道细小、焊波脱节、未焊透或未熔合、坡口未填满。

焊速太慢：焊道过宽、余量过大、焊瘤或烧穿。

电弧过长：气孔、夹渣、未焊透、氧化。

工艺分析

钢管垂直对接固定焊时管子不动，焊工沿坡口进行焊接。管垂直固定焊操作难度大，主要是由于液态金属下坠，容易在焊缝上部产生咬边，下部成形不良，甚至出现焊瘤等缺陷。施焊中的引弧、收弧、接头、送丝和焊枪移动方式等基本操作要领均与板对接横焊相同。焊层分为两层三道，如图 4-6-2 所示。

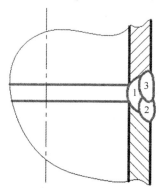

图 4-6-2 钢管垂直对接固定焊时焊层

一、焊前准备

1. 焊接设备

Panasonic YC - 400TX3 手工钨极氩弧焊机。

2. 焊接材料

（1）试件材料与尺寸：$\phi60$ mm × 5 mm × 120 mm 的 12Cr18Ni9 钢管，60°V 形坡口，钝边尺寸 0.5 mm。

（2）焊丝：ER308 焊丝（H06Cr21Ni10），焊丝直径为 $\phi2.5$ mm，氩气纯度 99.99% 以上，钨极为铈钨极，使用前磨成 25°~30° 的圆锥形。

（3）焊接设备及辅助工具：直流氩弧焊机，辅助工具有氩气减压器、锉刀、角磨机、清渣锤、钢丝刷、面罩等。

3. 安全检查

（1）劳保用品穿戴规范且完好。

（2）清理工位，不得有易燃、易爆物品。

（3）检查焊机各处的接线是否正确、牢固、可靠。

（4）检查焊机冷却系统是否正常，无堵塞、泄漏。

二、焊接操作步骤

焊接基本操作步骤：焊接准备（焊前清理、调试焊机）→装配与定位焊→焊接工艺参数确定→焊接（打底焊、盖面焊）→试件清理→质量检验。

1. 焊接准备

1）焊前清理

焊丝使用前，应用砂布或棉纱清除油、铁锈等污物。焊件需用角磨机或其他机械方法清理试件坡口正、反两侧 15~20 mm 内的铁锈和氧化皮等污物，使之露出金属光泽。

2）调试焊机

正确开启焊机，调整焊接参数，在引弧板上试焊，确保焊机各项性能指标正常可用。

2. 装配与定位焊

（1）为了便于叙述焊接过程，将管子的横断面看作钟表盘，如图 2-6-3 所示。与板对接一样，管对接时也需要进行定位焊。与板对接的两点定位不一样，管对接时有一点定位、两点定位、三点定位和多点定位等多种形式。对于小管径的对接焊，可以只采用一点定位。

（2）定位焊必须使钢管轴线对正，不应出现轴线偏斜，装配定位时钢管应预留间隙 2.0~2.5 mm。焊件装配的各项尺寸如表 4-6-1 所示。起弧位置为定位点的对面，如图

4 – 6 – 4 所示，如在 12 点位置定位，则在 6 点位置处开始焊接。定位焊缝是正式焊缝的一部分，所用焊接材料与正式焊缝相同，定位焊缝长度为 8 ~ 12 mm。

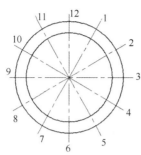
图 4 – 6 – 3　管子位置示意图

图 4 – 6 – 4　一点定位焊示意图

表 4 – 6 – 1　焊件装配的各项尺寸

坡口角度/（°）	根部间隙/mm		钝边/mm	反变形角度/（°）	错边量/mm
	始焊端	终焊端			
60 ± 2	2	2.5	0.5	3	≤0.5

（3）上架固定。将点焊好的焊接试件固定在焊接夹具上，其高度根据自身需求决定，但焊缝最高点距地面不得超过 1.2 m。定位焊缝应焊牢，防止开裂，焊前将定位点打磨成斜坡状，以利于接头，装配定位时应防止错边。

3. 焊接工艺参数的确定

管对接垂直固定焊焊接工艺卡如表 4 – 6 – 2 所示。

表 4 – 6 – 2　管（20G）对接垂直固定焊焊接工艺卡

焊接方法	TIG
工件材料、规格	12Cr18Ni9，ϕ60 mm × 5 mm × 120 mm
焊材牌号、规格	H08Mn2SiA，ϕ2.5 mm
保护气体及流量	氩气，7 ~ 8 L/min
焊接接头	对接，接头开坡口
焊接位置	立焊

预热		焊后热处理		焊接工艺流程
预热温度	—	温度范围	—	1. 焊接准备（焊前清理、调试焊机）
层间温度/℃	≤250	保温时间	—	2. 试件装配、定位焊
预热方式	—	其他	—	3. 焊接工艺参数选择及调试

焊接参数						4. 焊接（打底焊、盖面焊）
焊层 （道）	焊接 方法	焊接电流		电弧电压 /V	钨极直 径/mm	钨极伸 出长度/mm	5. 试件清理，整理现场

焊层 （道）	焊接 方法	极性	范围/A	电弧电压 /V	钨极直 径/mm	钨极伸 出长度/mm	
打底层	TIG	直流正接	80~90	15~17	2.5	5~8	
盖面层	TIG	直流正接	80~90	15~17	2.5	5~8	

4. 焊接操作

1）打底焊

（1）将管子轴线固定在垂直位置，间隙小的一端在右边。为了防止上部坡口过热、母材熔化过多、产生咬边或背面焊缝形成焊瘤，应将熔池的热量较多地集中在坡口的下部，并保证合适的焊枪角度，使电弧对熔化金属有一定的向上推力。

（2）焊工在起焊时往左蹲，手向右伸，身体重心移至右侧，同时头向右偏，只要能清楚地看到起焊部位即可，这样一次就能焊完半圈焊缝。打底层焊接时的焊丝、焊枪角度如图4-6-5所示。先在右侧间隙最小处引弧，电弧在间隙的下方靠近下坡口处燃烧，焊枪稍向下倾，待坡口根部熔化并形成熔孔后再送丝，焊丝沿坡口上沿送入，当焊丝端部熔化形成熔滴后轻轻将焊丝向熔池里面推一下，并向管内稍作摆动，将熔化金属推向管背面，保证背面焊缝成形良好。起焊时加入焊丝不要过多，以防起焊处超高。形成第一个熔池后焊丝后撤，同时电弧沿下坡口向前运动，下坡口熔化同时上坡口稍有熔孔时再次加入焊丝，要稍多加些，熔池饱满并向上隆起时，焊丝才可后撤，焊丝后撤不能阻挡电弧对上侧坡口的加热，上侧坡口熔化并稍有熔孔时再次加入焊丝。施焊过程中，焊丝以往复运动方式间断地送入电弧内熔池的前上方，在熔池前呈滴状加入。焊丝送进要有节奏，不能时快时慢，以保证焊道成形良好、美观。

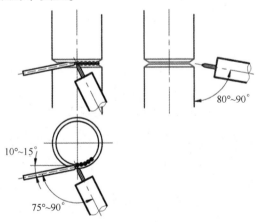

图4-6-5 打底层焊接时焊枪角度

（3）焊接前半圈时，随焊接向左进行，手要随焊枪的运动逐渐转动，以使焊枪与焊接方向保持恒定的角度，如果后倾太多，焊道成形会变差。如果手的活动受限，则应停止焊接，移动位置后再重新焊接。

（4）移动位置后，接头前先检查原弧坑焊道的状况，如果发现有氧化皮或缺陷，则应将其打磨清除，并将弧坑处打磨成缓坡状。在弧坑后 10 mm 左右引弧，并慢慢向前移动焊枪，待弧坑处形成熔池和熔孔后加入焊丝即可完成接头。

（5）在施焊过程中，当离定位焊缝还有焊丝直径大的小孔时，电弧轻向前推，使前方的定位焊缝边缘熔化后加入焊丝，焊丝后撤后压低电弧并稍作停留，使背面熔合，在定位焊缝上应不送丝或少送丝，用电弧将其充分熔化（包括坡口根部），和熔池连成一体后再送丝继续向左焊接。

（6）焊接到焊道封闭处时，应停止送丝或少送丝，待起焊点充分熔化，形成熔孔并和熔池连成一体后再送丝并填满弧坑，然后松开焊枪控制开关，使电流衰减，熔池逐渐缩小，此时将焊丝抽离熔池但不能离开氩气保护区，待氩气延时关闭后再移开焊丝和焊枪。

2）盖面焊

盖面层焊接的操作姿势及位置与打底焊接相同，焊接电流不变或稍大一些，焊枪角度如图 4-6-6 所示。首先焊下面的焊道 2，再焊上面的焊道 3。焊接焊道 2 时，电弧对准打底焊道的下沿，使熔池下沿超出管子坡口边缘 0.5～1.5 mm，熔池上沿覆盖打底焊道的 1/2～2/3。焊接焊道 3 时，电弧对准打底焊道的上沿，使熔池上沿超出管子坡口 0.5～1.5 mm，熔池下沿与焊道 2 圆滑过渡，焊接速度适当加快，送丝频率加快，适当减小送丝量。在施焊过程中，焊枪移动和送丝要配合协调，防止熔池金属下坠和咬边。

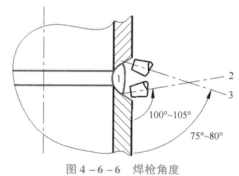

图 4-6-6 焊枪角度

5. 试件清理及质量检验

（1）将焊缝表面及其两侧的飞溅物清理干净，严禁破坏焊缝原始表面。

（2）对焊缝表面质量进行目视检验，用 5 倍放大镜观察表面是否存在缺陷。使用焊接检验尺对焊缝进行测量，应满足要求。焊接试件外观质量检查合格后，应进行无损检测。

师傅提示：

（1）打底焊应一气呵成，不允许中途停止；打底焊缝经检查合格后，应及时进行次层焊接。

（2）焊枪握法和运弧动作。右手握焊枪，用食指和拇指勾夹住枪身前部，其余三指触及管壁作为支点，根据个人习惯也可用其中两指或一指作支点。小直径管焊接时，手腕沿管壁转动，指尖始终贴在管壁上，以保持运弧平稳。

（3）起弧。使用简易直流氩弧焊机时，采用短路方法引弧。钨极接触焊件的动作要轻快，防止碰断钨极端头，造成电弧不稳及焊缝产生夹钨缺陷。焊接开始时，先用电弧将母材加热，待形成熔池后，立即填加焊丝。为了防止起弧处产生裂纹，始焊速度应适当减慢，并多填些焊丝，使焊缝加厚。

师傅提示：

（4）收弧。使用无电流衰减装置的简易直流氩弧焊机焊接时，收弧的焊接速度应适当减慢，并增加焊丝填充量，将熔池填满，避免产生弧坑和裂纹。随后立即将电弧移至坡口边缘上，快速熄灭。使用带有电流衰减装置的氩弧焊机焊接时，先将熔池填满，然后按动电流衰减，使焊接电流逐渐衰减，最后将电弧熄灭。

（5）接头。焊接过程中应尽量避免停弧，减少"冷接头"次数。首先要计划好焊丝长度，不要在焊接过程中经常更换焊丝。但是为了避免焊丝抖动，握丝处距焊丝末端不宜过长，这样必然会增加接头的次数。

（6）送丝动作。以左手拇指、食指、中指捏焊丝，焊丝末端应始终处于氩气保护区。填丝动作要轻，不得扰动氩气保护层，以防止空气入侵。送丝时，可以采用连续送丝、断续送丝，或将焊丝弯成弧形，紧贴在坡口间隙处，焊接电弧同时熔化坡口钝边和焊丝，这时要求对口间隙小于焊丝直径。此法可避免焊丝遮住焊工视线，适用于困难位置的焊接。此外，当对口间隙大于焊丝直径时，焊丝应跟随电弧做同步横向摆动。无论用哪种填丝动作，送丝速度均应与焊接速度相适应。

三、焊后清理

（1）焊接完成后，关闭氩气气瓶阀门，点动焊枪开关或焊机面板上的焊接检气开关，放掉减压器里面的余气，关闭焊接电源。

（2）按"6S"现场管理规定清理操作现场，做好使用记录。

考核评价

试件质量评分表见附录。

任务4-7　低碳钢管对接水平固定焊

任务描述

识读如图4-7-1所示试件图样，采用手工钨极氩弧焊方法实施管对接水平固定焊。任务属于手工钨极氩弧焊中级焊接操作技能。

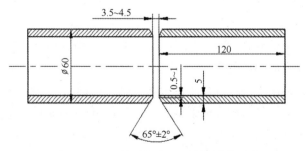

图4-7-1　管对接水平固定焊试件图样

（1）试件材料为 $\phi60$ mm $\times 5$ mm $\times 120$ mm 的 20G 钢管。

（2）接头形式为管管对接，焊接为水平固定焊，采用单面焊双面成形。

（3）根部间隙 $b = 3.5 \sim 4.5$ mm，坡口角度 $\alpha = 65° \pm 2°$，钝边 $p = 0.5 \sim 1$ mm。

（4）要求单面焊双面成形，焊缝表面无缺陷，焊缝波纹均匀、宽窄一致、高低平整，焊缝与母材圆滑过渡，焊后无变形，具体要求参照评分标准。

（1）了解氩弧焊的危害及安全操作规程。

（2）能够选择管水平对接固定焊（手工钨极氩弧焊）的焊接参数，编制简单工艺卡。

（3）能够制作出合格的管水平对接固定焊（手工钨极氩弧焊）工件，并达到评分标准的相关要求。

相关知识

一、氩弧焊的危害

氩弧焊的危害除了与焊条电弧焊相同的触电、烧伤、火灾以外，还有高频电磁场、放射线、弧光伤害、有害气体和焊接烟尘，需要在焊接操作过程中认真做好防护措施。

1. 高频电磁场

焊工长期接触高频电磁场会引起植物神经功能紊乱和神经衰弱，表现为全身不适、头昏、多梦、头痛、记忆力减退、疲乏无力、食欲不振等症状。高频电磁场的参考卫生标准规定 8 小时接触的允许辐射强度为 20 V/m，据测定，手工电弧焊时焊工各部位受到的高频电磁场强度均超过标准，其中以手部强度最大，超过卫生标准 5 倍多。高频电磁场的防护措施有：

（1）氩弧焊的引弧与稳弧尽量采用晶体管脉冲装置。

（2）降低振荡频率，改变电容器及电感参数，将振荡频率降至 30 kHz。

（3）屏蔽电缆和导线，采用细铜丝编织软线，套在电缆胶管外边，并将其接地。

（4）采用良好而可靠的绝缘。

2. 放射线

钨极氩弧焊使用的钍钨极含有 1% ~1.2% 的氧化钍，钍是一种放射性物质，在焊接中与钍钨极接触，都会受到放射性的影响。

在容器内焊接时，通风不畅，烟尘中的放射性粒子可能超过卫生标准，在磨削钨极及存放钍钨极的地点，放射性气溶胶和放射性粉尘的浓度可达到甚至超过卫生标准。放射性物质侵入体内可引起慢性放射性病。预防放射线伤害的措施有：

（1）尽可能采用放射剂量低的铈钨极。

（2）采用密封式或抽风式砂轮磨削钨极。

（3）磨削钨极时应戴防尘口罩，磨削后应以流水和肥皂洗手，并经常清洗工作服和手套等。

（4）焊接时操作规范合理，避免钨极过量烧损。

（5）钨极应放在铅盒内保存。

3. 弧光伤害

钨极氩弧焊的电流密度大，电弧产生的紫外线辐射为焊条电弧焊的 5～30 倍，红外线辐射为焊条电弧焊的 1～1.5 倍。眼睛对紫外线最敏感，短时间照射就会引起急性角膜结膜炎，称为电光性眼炎。焊接弧光的防护措施有：

（1）为了保护眼睛，氩弧焊用面罩安装反射式防护镜片，能将强烈的弧光反射出去，使损坏眼睛的弧光强度减弱，能更好地保护眼睛。

（2）为了预防焊工皮肤受到电弧伤害，焊工的防护装应采用浅色或白色的帆布制成，以增强对弧光的反射能力。

4. 有害气体和焊接烟尘

钨极氩弧焊时，弧柱温度高，紫外线辐射强度远大于一般电弧，因此在焊接过程中会产生大量的臭氧和氧氮化物，尤其臭氧浓度远远超出参考卫生标准。如不采取有效通风措施，这些气体对人体健康影响很大，是氩弧焊最主要的有害因素。氩弧焊工作现场要有良好的通风装置，以排出有害气体及焊接烟尘。除厂房通风外，还可在焊接工作量大、焊机集中的地方，安装轴流风机向外排风。此外，还可采用局部通风的措施将电弧周围的有害气体抽走，例如采用明弧排烟罩、排烟焊枪、轻便小风机等。

二、氩弧焊安全操作规程

（1）工作前检查设备、工具是否良好。

（2）检查焊接电源、控制系统是否有接地线，氩气、水源必须畅通。

（3）采用高频引弧必须经常检查是否漏电。

（4）在焊接区周围不准赤身和裸露身体其他部位，严禁在电弧四周吸烟、进食，以免臭氧、烟尘吸入体内。

（5）磨钨极的砂轮机必须装抽风装置，磨削时必须戴口罩，并遵守砂轮机操作规程。

（6）氩弧焊操作时须佩戴防尘口罩，操作时尽量减少高频电作用时间，连续工作不得超过 6 小时。

（7）氩气瓶不许撞砸，立放时必须有支架，并远离明火 3 m 以上。

（8）容器内部进行氩弧焊时，入孔和手孔盖板必须打开，焊工应戴专用面罩，减少吸入有害气体和烟尘。

（9）钨极应存放于铅盒内，避免由于大量钍钨棒集中在一起引起放射性剂量超出安全规定而致伤人体。

（10）工作完毕后，关闭气瓶，待焊枪内无余气后方可停机断电，清理焊接现场，打扫卫生，确认安全后方可离开。

工艺分析

钢管水平固定焊包括平焊、立焊和仰焊三种位置，也称为全位置焊接，操作难度大。焊接时，由于随着焊接位置的改变，熔融金属受重力作用的方式也在改变，焊枪的角度和焊接操作时的手形、身形都将发生较大变化，因此，要特别注意整个焊接过程中各方位焊接操作的变化与调整。焊接电流的大小要合适；严格采用短弧，控制熔池存在的时间。

【任务实施】

一、焊前准备

1. 焊接设备

Panasonic YC‑400TX3 手工钨极氩弧焊机。

2. 焊接材料

（1）试件材料与尺寸：$\phi 60$ mm × 5 mm × 120 mm 的 20G 钢管，65°V 形坡口，钝边尺寸 0.5 mm。

（2）焊丝：H08Mn2SiA，焊丝直径为 $\phi 2.5$ mm，氩气纯度 99.99% 以上，钨极为铈钨极，使用前磨成 25°~30° 的圆锥形。

（3）焊接设备及辅助工具：直流氩弧焊机，辅助工具有氩气减压器、锉刀、角磨机、清渣锤、钢丝刷、面罩等。

3. 安全检查

（1）劳保用品穿戴规范且完好。

（2）清理工位，不得有易燃、易爆物品。

（3）检查焊机各处的接线是否正确、牢固、可靠。

（4）检查焊机冷却系统是否正常，无堵塞、泄漏。

二、焊接操作步骤

焊接基本操作步骤：焊接准备（焊前清理、调试焊机）→装配与定位焊→焊接工艺参数确定→焊接（打底焊、盖面焊）→试件清理→质量检验。

1. 焊接准备

1）焊前清理

焊丝使用前，应用砂布或棉纱清除油、铁锈等污物。焊件需用角磨机或其他机械方法清理试件坡口正、反两侧 20 mm 内的铁锈和氧化皮等污物，使之露出金属光泽。

2）调试焊机

正确开启焊机，调整焊接参数，在引弧板上试焊，确保焊机各项性能指标正常可用。

2. 装配与定位焊

（1）定位焊必须使钢管轴线对正，不应出现轴线偏斜，装配定位时钢管应预留间隙2.0～2.5 mm。采用一点定位焊，如图4-7-2所示，12点位置定位，根部间隙2.5 mm，间隙小的一段位于6点位置，根部间隙2 mm。定位焊缝是正式焊缝的一部分，所用焊接材料与正式焊缝相同，定位焊缝长度为8～12 mm。焊件装配的各项尺寸如表4-7-1所示。

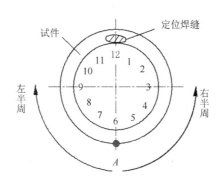

图4-7-2　定位焊位置及焊接方向示意图

表4-7-1　焊件装配的各项尺寸

坡口角度/（°）	根部间隙/mm		钝边/mm	反变形角度/（°）	错边量/mm
	始焊端	终焊端			
60±2	2	2.5	0.5	3	≤0.5

（2）上架固定。将点焊好的焊接试件固定在焊接夹具上，其高度根据自身需求决定，但焊缝最高点距地面不得超过1.2 m。定位焊缝应焊牢，防止开裂，焊前将定位点打磨成斜坡状，以利于接头，装配定位时应防止错边。

3. 焊接工艺参数的确定

管水平对接固定焊焊接工艺卡如表4-7-2所示。

表4-7-2　管水平对接固定焊焊接工艺卡

焊接方法	TIG	3.5～4.5
工件材料、规格	20G，ϕ60 mm×5 mm×120 mm	
焊材牌号、规格	H08Mn2SiA，ϕ2.5 mm	
保护气体及流量	氩气，6～10 L/min	
焊接接头	对接，接头开坡口	
焊接位置	管水平对接固定焊	

预热		焊后热处理			焊接工艺流程
预热温度	—	温度范围		—	1. 焊接准备（焊前清理、调试焊机）
层间温度/℃	≤250	保温时间		—	2. 试件装配、定位焊
预热方式	—	其他		—	3. 焊接工艺参数选择及调试
焊接参数					4. 焊接（打底焊、盖面焊）
焊层（道）	焊接方法	焊接电流		电弧电压/V	钨极直径/mm	钨极伸出长度/mm	5. 试件清理，整理现场
		极性	范围/A				
打底层	TIG	直流正接	80~90	12~14	2.5	4~5	
盖面层	TIG	直流正接	85~95	85~95	2.5	4~5	

4. 焊接操作

1）打底焊

（1）打底焊时，将钢管固定在水平位置，焊枪的角度和焊丝的相对位置如图 4-7-3 所示，控制好钨极、喷嘴和焊缝的位置，即钨极垂直于管子的轴线，喷嘴至两管的距离要相等。采用小的热输入，快速小摆动，严格控制层间温度不高于60℃。

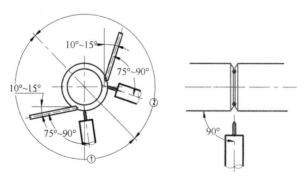

图 4-7-3　钢管水平对接固定焊时焊枪角度

（2）先焊右半周。起焊处在仰焊部位6点位置，钨极端部与母材距离约2 mm时引燃电弧（高频引弧），弧长控制在2~3 mm，焊枪暂留在引弧处不动，待坡口两侧加热2~3 s并获得一定大小、明亮清晰的熔池后，开始往熔池填送焊丝进行焊接。

（3）左手送丝，焊丝与通过熔池的切线成15°送入熔池前方，焊丝沿内部坡口的根部上方送到熔池后，要轻轻将焊丝向熔池里推进并向管内坡口根部摆动，使熔化金属送至坡口根部，以得到能熔透正、反面，成形良好的焊缝。

（4）12点平焊位置，即在定位焊缝的斜坡处，应少加焊丝，使焊缝与接头圆滑过渡。通过定位焊缝时，不加焊丝，直接自熔通过，避免焊缝凸起。在定位焊缝的另一斜坡处，也要少加焊丝，便于后半周接头。右半周要通过 12 点位置，在 11 点处收弧。

（5）焊完右半周一侧后，转到管子另一侧，焊接左半周。引弧应在 5 点位置处，以保证焊缝重叠。焊接方向按顺时针方向通过 11 点，焊至 12 点处收弧；焊接结束时，应与右半周焊缝重叠 4~5 mm，焊缝厚度约为 2.5 mm。

2）盖面焊

（1）焊接盖面层时，焊枪横向摆动幅度大于打底焊时的摆动幅度，摆动到坡口两侧棱边处应稍作停顿，将填充焊丝和棱边熔化，并控制每侧增宽 0.5~1.5 mm。盖面焊道示意图如图 4-7-4 所示。

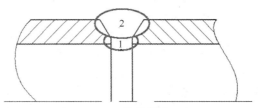

图 4-7-4　盖面焊道示意图

（2）焊接时，焊接速度应稍快，以保证熔池两侧与管子棱边熔合良好。接头方法应正确，接头要圆滑，无明显接痕。

5. 试件清理及质量检验

（1）将焊缝表面及其两侧的飞溅物清理干净，严禁破坏焊缝原始表面。

（2）对焊缝表面质量进行目视检验，用 5 倍放大镜观察表面是否存在缺陷。使用焊接检验尺对焊缝进行测量，应满足要求。焊接试件外观质量检查合格后，应进行无损检测。

师傅提示：

（1）焊接参数和操作手法随焊接位置的变化而变化。

管对接水平固定手工钨极氩弧焊时，起焊处的间隙要大于定位处的间隙（0.5~1 mm）；由于是全位置（平、立、仰）焊接操作，所以要时刻注意从起始点仰焊处开始，上行至立焊处、再到平焊处时，手形、电弧、熔池状态等控制技巧的综合运用；必要时，可分段进行焊接电流的调节；如焊接全过程无电流调节，可利用操作手形的变化，使焊接电流处于顶弧、飘弧、压弧的渐进变化中，以达到控制熔池、获得良好焊缝成形的目的。

（2）高度恰当、姿态舒展。

管对接水平固定焊首先应选择一个合适的工件放置高度，以方便操作（管子下端距地面高度为 800~850 mm）。在条件允许的情况下，任何焊接位置的操作，都应使操作者处于较好的位置和舒适灵活的姿势，这也是保证焊接质量的重要基础。

三、焊后清理

（1）焊接完成后，关闭氩气气瓶阀门，点动焊枪开关或焊机面板上的焊接检气开关，放掉减压器里面的余气，关闭焊接电源。

（2）按"6S"现场管理规定清理操作现场，做好使用记录。

◇ 考核评价

试件质量评分表见附录。

焊接工匠故事：

李万君：高铁焊接大师

李万君是中车长客股份公司首席操作师，32年来始终坚守在轨道客车转向架焊接岗位，苦练技术、攻克难关，迅速成长为公司焊接领域的技术专家。他在2005年全国焊工技能大赛中荣获焊接试样外观第一名，并先后于1997年、2003年、2007年三次在长春市焊工技能大赛荣获第一名，2008年荣获全国技术能手，2011年荣获中华技能大奖。

随着时速350 km中国高铁"复兴号"的成功运营，中国高铁已经成为世界一道亮丽的风景。我国仅用了不到10年时间，就走过了国际上高速铁路40年的发展历程。在具有世界顶级技术高速动车组生产中展现才华的中国中车技术工人，被李克强总理赞誉为"中国第一代高铁工人"。在这支光荣的队伍中，全国劳模——李万君，凭借精湛的焊接技术和敬业精神，为我国高铁事业发展做出了重要贡献，被誉为"高铁焊接大师"。

探索创新，屡显身手

转向架制造技术，是高速动车组的九大核心技术之一。我国的高速动车组之所以能跑出如此之高的速度，其主要原因之一就是我们的转向架技术取得了重大突破。李万君就工作在转向架焊接岗位上。他先后参与了我国几十种城铁车、动车组转向架的首件试制焊接工作，总结并制定了30多种转向架焊接规范及操作方法，技术攻关150多项，其中31项获得国家专利。

作为全国铁路第六次大提速主力车型，时速250 km动车组在长客股份公司试制生产，由于转向架环口要承载重达50 t的车体质量，因此成为高速动车组制造的关键部位，其焊接成形质量要求极高。试制初期，因焊接段数多，焊接接头极易出现不熔合等严重质量问题，一时成为制约转向架生产的瓶颈。关键时刻，李万君凭着一股子钻劲，终于摸索出了"环口焊接七步操作法"，成形好、质量高，成功突破了批量生产的关键。这项令国外专家十分惊讶的"绝活"，现已经被纳入生产工艺当中。

中国中车从德国西门子引进了时速350 km的高速动车组技术。由于外方此前也没有如此高速的运营先例，转向架制造成了双方共同攻关的课题。带着领导的重托，李万君参加了转向架焊接工艺评定专家组，并发挥了高技能人才的特殊作用。以李万君试制取得的有关数据为重要参考，企业编制的《超高速转向架焊接规范》在指导批量生产中解决了大问题。

2015年年初，公司试制生产我国首列标准化动车组（即复兴号动车组），转向架很多焊缝的接头形式是员工们从来没有接触过的，其中转向架侧梁扭杆座不规则焊缝和横侧梁连接口斜坡焊缝质量要求极高，射线探伤检查必须零缺陷，不允许有任何瑕疵，由于不规则焊缝接头过多，极易造成焊接缺陷，成为制约生产顺利进行的瓶颈。以李万君为主的攻关团队，经过反复论证和多次试验，最终总结出高效科学的焊接方法，他们交叉运用平焊、立焊、下坡焊的操作技法，成功攻克了这项焊缝难题，并总结出操作法用以指导员工完成此项焊接工作。

2016年年初，李万君带领工作室成员，成功完成美国纽约地铁转向架厚板焊接的31项工艺评定，为我国试制生产40 mm厚板转向架提供可靠焊接规范及操作依据。2017年年初，在此基础上，李万君亲自参与试制生产4个美国纽约转向架，通过美国焊接专家的认证，2018年6月27日，长客股份公司成为我国首家成功拿到美国纽约地铁转向架生产资质的生产单位。

凭借精湛的焊接技术，李万君在参与填补国内空白的几十种高速车、铁路客车、城铁车，以及出口澳大利亚、新西兰、巴西、泰国、沙特、埃塞俄比亚等国家的列车生产中，攻克了一道又一道技术难关。

勤学苦练，铸就创新本领

李万君在本职岗位上取得的一个个成绩，并非偶然。在31年的长期工作中，他勤于钻研，勇于创新，练就了过硬的焊接本领。他同时拥有碳钢、不锈钢焊接等6项国际焊工（技师）资格证书。氩弧焊、二氧化碳气体保护焊及MAG焊、TIG焊等多种焊接方法，平、立、横、仰和管子等各种焊接形状和位置，他样样精通。

李万君根据异种金属材料焊接特性发明的"新型焊钳"，已经获得国家专利并被推广使用。2012年，李万君针对澳大利亚不锈钢双层铁路客车转向架焊接加工的特殊要求总结出的"拽枪式右焊法"等30余项转向架焊接操作方法，在生产中得到广泛应用，累计为企业节约资金和创造价值8 000余万元。

李万君在出口的轨道客车转向架横梁环口焊接中，首次使用氩弧焊焊接方法，并成功总结出一套焊接操作步骤，从而填补了我国氩弧焊焊接铁路客车转向架环口的空白，同时也为我国以后开发和生产新型高铁提供了宝贵经验。

转载自《中国质量》2019.9

模块五 埋弧焊实训

埋弧焊是电弧在焊剂层下燃烧进行焊接的方法，这种方法是利用焊丝和焊件之间燃烧的电弧产生热量，使焊丝、焊件和焊剂熔化而形成焊缝。焊接质量与焊丝、焊剂的成分和特性密切相关，与焊丝、焊剂及焊件材料之间的正确匹配密切相关。

埋弧焊是高效率的机械化焊接方法之一。由于其熔深大、生产率高、机械化操作程度高，因而适用于焊接中厚结构的长焊缝。在造船、桥梁、锅炉与压力容器、工程机械、铁路车辆等制造部门有着广泛的应用。

本模块主要内容包括：

掌握低碳钢 T 形接头平角焊、板对接平位双面焊等埋弧焊焊接操作技能及工艺参数选择。

任务 5 - 1　板对接平位双面焊

任务描述

识读如图 5 - 1 - 1 所示试件图样，采用埋弧焊实施平位双面焊。熟悉埋弧焊操作入门技能。

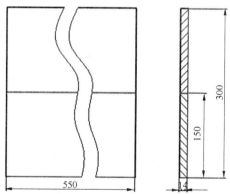

图 5 - 1 - 1　板对接平位双面焊试件图样

技术要求

（1）试件材料为 Q235B；对接双面焊缝要焊透。

（2）根部间隙不大于 0.8 mm，错边量不大于 0.5 mm。

（3）引弧板、引出板的尺寸均为 50 mm × 75 mm × 14 mm，焊前用焊条电弧焊定位。

（4）具体要求参照评分标准。

（1）了解埋弧焊的概念、原理、特点和应用；了解埋弧焊的主要设备及工具的结构，懂得其正确使用、维护与保养的方法。

（2）掌握板对接平位双面焊（埋弧焊）操作要领，焊接参数选择方法。

（3）制作出合格的板对接平位双面焊（埋弧焊）工件。

相关知识

一、埋弧焊的概念、原理、特点和应用

1. 埋弧焊的概念

埋弧焊是电弧在焊剂保护层下燃烧进行焊接的一种焊接方法。

2. 埋弧焊的原理、特点和应用

1）埋弧焊的焊接过程

焊丝不断地被送丝机构送入电弧区，并保持选定的弧长。焊接时焊机移动或工件移动，焊剂从漏斗中不断流出洒在被焊部位，电弧在焊剂下燃烧，熔化后形成熔渣覆盖在焊缝表面。其焊接过程如图 5 – 1 – 2 所示。

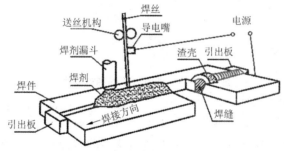

图 5 – 1 – 2　埋弧焊焊接过程示意图

电弧燃烧后，工件和焊丝形成较大体积的熔池，熔池金属被电弧气体排挤向后堆积形成焊缝。由于高温焊剂被熔化成熔渣，与熔池金属发生物理化学作用。部分焊剂被蒸发形成气体，将电弧周围熔渣排开，形成一个封闭的熔渣泡。它具有一定黏度，能承受一定压力，保护熔池不与空气接触，又防止了金属飞溅。焊丝上一般没有涂料，允许提高电流密度。电流密度增加，使得电弧吹力也增加，同时热量也增加，使得熔池深度大，熔池体积也大。

2）埋弧焊特点

（1）生产率高。埋弧焊焊丝从导电嘴伸出长度较短，可用较大的焊接电流，而且连续施焊的时间较长，这样就能提高焊接速度。电流大，更换焊丝的时间可节约一些，可使生产率提高；同时，焊件厚度在 14 mm 以内的对接焊缝可不开坡口，不留间隙，一次焊成，故其生产率高。

（2）焊接质量高且稳定。埋弧焊电弧区保护严密，熔池保持液态时间较长，冶金过程进行较完善，焊接参数能自动控制。

（3）节省金属材料。因熔池较大，20～25 mm 以下的工件可不开坡口进行焊接，这样可减少焊缝中焊丝的填充量，既可减少因加工坡口而消耗掉的焊件材料。同时，焊接时金属飞溅小，又没有焊条头的损失。

（4）改善劳动条件。埋弧焊看不见弧光，烟雾很少，改善了劳动条件，并可进行自动焊接。

但是，埋弧焊设备价格较贵，工艺装备较复杂，主要适于以下工况：焊接长的直线焊缝，焊接较大直径环形和纵向焊缝，焊接中厚板为主，薄板焊接受到限制。

二、埋弧焊的设备

埋弧焊机是一种利用电弧在焊剂层下燃烧进行焊接的焊接设备，主要分为半自动埋弧焊机和自动埋弧焊机两大类。

1. 半自动埋弧焊机

半自动埋弧焊机是由焊接小车、埋弧焊机组成，焊接小车可以前后行走，速度可调。埋弧焊机的结构外形如图 5 - 1 - 3 所示。

图 5 - 1 - 3　埋弧焊机的结构外形

半自动埋弧焊机主要由送丝机构、控制箱、带软管的焊接手把及焊接电源等组成。半自动埋弧焊机兼有自动埋弧焊的优点及手工电弧焊的机动性。在难以实现自动焊的工件上（例如中心线不规则的焊缝、短焊缝、施焊空间狭小的工件等）可用这种焊机进行焊接。埋弧焊电源可以用交流（弧焊变压器）、直流（弧焊发电机或弧焊整流器）或交直流并用，选用原则要根据具体的应用条件，如焊接电流范围、单丝焊或多丝焊、焊接速度、焊剂类型等。

半自动埋弧焊机的主要功能是：

（1）将焊丝通过导丝管连续不断地送入电弧区。

（2）传输焊接电流。

（3）控制焊接启动和停止。

（4）向焊接区铺施焊剂。

2. 自动埋弧焊机

自动埋弧焊机是由埋弧焊机、辅助设备等组成，可以完成自动焊接。自动埋弧焊机的主要功能是：

（1）连续不断地向焊接区送进焊丝。

（2）传输焊接电流。

（3）使电弧沿接缝移动。

（4）控制电弧的主要参数。

（5）控制焊接的启动与停止。

（6）向焊接区铺施焊剂。

（7）焊接前调节焊丝端位置。

自动埋弧焊机按照工作需要，可做成不同的形式，常见的有焊车式、悬挂式、机床式、悬臂式、门架式等。

 工艺分析

焊件厚度超过 12 ~ 14 mm 的对接接头，通常采用双面焊。这种方法对焊接参数的波动和焊件装配质量都较不敏感，一般都能获得较好的焊接质量。焊接第一面时，所用技术与单面焊相似，但不要求完全焊透，而是由反面焊接保证完全焊透。焊接第一面的工艺方法有悬空焊、在焊剂垫上焊、在临时衬垫上焊等。

【任务实施】

一、焊前准备

准备埋弧焊机 MZ – 1000，Q235B 钢板（550 mm × 150 mm × 14 mm，两块试件）。Q235B 钢板（50mm × 75 mm × 14 mm，两块引弧板和收弧板）、H08Mn2SiA 焊丝（4.0 mm）、焊剂 431（2 kg）、焊剂垫、焊剂烘干箱、台虎钳、焊缝测量尺、钢直尺（≥ 300 mm）、角磨机、锤子、锉刀、钢丝刷、劳保用品。

焊前清理清理干净焊件坡口面及其正反两侧 20 ~ 30 mm 范围内的油、铁锈及其他污物，直至露出金属光泽，并将焊缝处修理平整。最后对试板的清洁度、试板的尺寸进行检查（按图样及技术要求）。

二、焊接步骤

焊接基本操作步骤：试件准备（下料、坡口加工、焊前清理）→焊接设备检查调试→试件装配定位焊→正面焊接→反面焊接→外观自检→清理焊件、整理操作现场。

1. 焊接设备检查调试

（1）检查埋弧焊机的运行情况。

（2）装上焊丝盘，试验焊丝出丝是否顺畅。

（3）安装调整好焊剂斗，注意查看送剂扳把开关装置是否有效。

（4）调节小车，试验检查是否行走正常。

（5）在试验电流的工件上调整好焊接参数（电流、电压、焊接速度、焊丝伸出长度、角度等）。

注意：埋弧自动焊焊接质量在很大程度上取决于焊接设备，因此，焊前一定要重视对焊接设备的调试工作。

2. 装配间隙及定位焊

（1）焊件装配必须保证间隙均匀，焊件的错边量不大于 1.2 mm，反变形为 3°左右。

（2）在焊件两端加装引弧板和引出板。

（3）用焊条电弧焊固定。定位焊缝焊在焊件的引弧板和引出板及待焊的焊缝处，每段定位焊缝长 20 mm，间距为 80～100 mm。

3. 焊接工艺参数的确定

Q235B 材料板对接水平双面焊焊接工艺卡如表 5－1－1 所示。

表 5－1－1　Q235B 材料板对接水平双面焊焊接工艺卡

焊接方法	埋弧焊				
工件材料、规格	Q235B，550 mm×150 mm×14 mm				
焊材牌号、规格	H08Mn2SiA 焊丝				
焊接接头	对接				
焊接位置	平焊				
坡口形式	Ⅰ形				
坡口角度	—				
钝边	—				
组对间隙/mm	0～1				
焊后热处理				焊接工艺流程	
种类	—	层间范围	—	1.试件准备（下料、开坡口、焊前清理）	
加热方式	—	保温时间	—	2.试件装配及定位焊	
温度范围	—	测量方法	—	3.焊接工艺参数选择及调试	
焊接参数				4. 焊接	
焊层（道）	焊材直径/mm	焊接电流/A	电弧电压/V	焊接速度/(mm·min⁻¹)	5. 清理试件，整理现场
1（背面）	4	650～700	34～36	30	
2（正面）	4	700～750			

4. 背面焊接

（1）垫焊剂垫。焊背面焊道时，必须垫好焊剂垫，以防止熔渣和熔池金属的流失。

（2）焊丝对中。调整好焊丝位置，使焊丝对准焊缝间隙，但不与焊件接触。

（3）准备引弧。调整好焊接参数，将焊接小车拉到引弧板处，使焊丝端部与引弧板可靠接触。最后将焊剂漏斗闸门打开，让焊剂覆盖住焊丝头。

（4）引弧。按启动按钮，引燃电弧，在焊接过程中要注意耳听眼看，如果发现异常，则要马上停机。

（5）收弧。

当小车行走至收弧板中央时，按下停止焊接按钮。

（6）清渣。

5. 正面焊接

外观检验背面焊道合格后，将焊件正面朝上放好，开始焊正面焊道，焊接步骤与焊背面焊道完全相同。

焊缝金属内部的缺陷及防止措施如表 5 - 1 - 2 所示。

表 5 - 1 - 2　焊缝金属内部的缺陷及防止措施

缺陷名称	产生原因	防止措施
裂纹	焊丝和焊剂匹配不当	焊丝和焊剂正确匹配，母材含碳量高时要预热
	熔池金属急剧冷却，热影响区硬化	焊接电流增加，减少焊接速度，母材预热
	多层焊的第一层裂纹由于焊道无法抗拒收缩应力而造成	第一层焊道的数目要多
	不正确焊接施工，接头拘束大	注意施工顺序和方法
	焊道形状不当，焊道高度比焊道宽度大	焊道宽度和深度几乎相当，降低焊接电流，提高电压
	冷却方法不当	进行后热
气孔（在熔池内部的气孔）	接头表面有污物	接头的研磨、切削、火焰烤、清扫
	焊剂吸潮	150 ~ 300℃烘干 1 h
	不干净焊剂	收集焊剂时用钢丝刷
夹渣	下坡焊时，焊剂流入	在焊接相反方向，母材水平位置
	多层焊时，在靠近前坡口侧面添加焊丝	坡口侧面和焊丝之间距离，至少要保证大于焊丝直径
	引弧时产生夹渣（附加引弧时易产生夹渣）	引弧板厚度及坡口形状，要与母材保持一样
	电流过小，对于多层堆焊，焊渣没有完全除去	提高电流，保证焊渣充分熔化
	焊丝直径和焊剂选择不当	提高电流、焊接速度
未焊透（熔化不良）	电流过小（过大）、电压过大（过小）、焊接速度过大（过小）	焊接参数（电流、电压、焊接速度）选择适当
	坡口高度不当	选择合适的坡口高度
	直径和焊剂选择不当	选择合适焊丝直径和焊剂的种类

三、焊后清理

（1）焊接完成后，关闭焊接电源。

（2）将焊缝表面及其两侧的飞溅物清理干净。

（3）按"6S"现场管理规定清理操作现场，做好使用记录。

师傅提示：

1. 采用悬空焊接

焊正面焊道时，可不用焊剂垫，进行悬空焊接，这样可在焊接过程中通过观察背面焊道的加热颜色来估计熔深；也可仍在焊剂垫上进行焊接。

2. 防止未焊透或夹渣

要求正面焊缝的熔深能达到板厚的60%～70%，为此通常以加大电流的方法来实现较为简便。可通过观察熔池背面的颜色判断、估计熔池的深度，从而及时调整焊接参数。若熔池背面为红色或淡黄色，则表示熔深符合要求；若熔池背面接近白亮色，说明有烧穿的危险，应立即减小焊接电流；若熔池背面看不出颜色变化或为暗红色，则表明熔深不够，应增加焊接电流。

◗ 考核评价

试件质量评分表见附录。

任务 5 - 2　T 形接头平角焊

◗ 任务描述

识读如图 5 - 2 - 1 所示试件图样，采用埋弧焊实施 T 形接头平角焊。

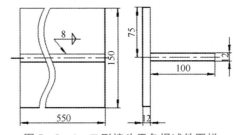

图 5 - 2 - 1　T 形接头平角焊试件图样

◗ 技术要求

（1）试件材料为 Q235B；对接双面焊缝要焊透。

（2）根部间隙不大于 0.8 mm，错边量不大于 0.5 mm。

（3）引弧板、引出板的尺寸均为 100 mm×60 mm×14 mm，焊前用焊条电弧焊定位。

（4）具体要求参照评分标准。

（1）了解埋弧焊焊接材料的分类、牌号及其性能，了解埋弧焊工艺及操作技术。

（2）掌握 T 形接头平角焊（埋弧焊）操作要领，焊接参数选择。

（3）制作出合格的 T 形接头平角焊（埋弧焊）工件。

相关知识

一、埋弧焊焊接材料

埋弧焊的焊接材料包括焊丝与焊剂。

1. 焊丝

1）焊丝的作用

埋弧焊所用焊丝的作用是：作电极和填充金属。

2）焊丝的分类

埋弧焊所用焊丝有实芯焊丝和药芯焊丝两类。目前在生产中普遍使用的是实芯焊丝。目前已有碳素结构钢、合金结构钢、高合金钢和各种有色金属焊丝以及堆焊用的特殊合金焊丝。

3）焊丝直径的选择

焊丝直径的选择依用途而定。半自动埋弧焊用的焊丝较细，一般直径为 1.6 mm、2 mm、2.4 mm，以便能顺利地通过软管，并且使焊工在操作中不会因焊丝的刚度大而感到困难。

自动埋弧焊一般使用直径 3~6 mm 的焊丝，以充分发挥埋弧焊的大电流和高熔敷率的优点。对于一定的电流值可能使用不同直径的焊丝。同一电流使用较小直径的焊丝时，可获得加大焊缝熔深、减小熔宽的效果。当工件装配不良时，宜选用较粗的焊丝。

4）焊丝的清理

焊丝表面应当干净光滑，焊接时能顺利地送进，以免给焊接过程带来干扰。除不锈钢焊丝和有色金属焊丝外，各种低碳钢和低合金钢焊丝的表面最好镀铜。镀铜层既可起防锈作用，也可改善焊丝与导电嘴的电接触状况。

为了使焊接过程能稳定地进行并减少焊接辅助时间，焊丝应当用盘丝机整齐地盘绕在焊丝盘上，并且每盘焊丝应由一根焊丝绕成。

2. 焊剂

埋弧焊使用的焊剂是颗粒状可熔化的物质，其作用相当于焊条的药皮。

1）对焊剂的基本要求

（1）具有良好的冶金性能。与选用的焊丝相配合，通过适当的焊接工艺来保证焊缝金属获得所需的化学成分和力学性能以及抗热裂和冷裂的能力。

（2）具有良好的工艺性能。即要求有良好的稳弧、焊缝成形、脱渣等性能，并且在焊接过程中生成的有毒气体少。

2）焊剂的分类

埋弧焊焊剂分类方法较多，除了按用途可分为钢用焊剂和有色金属用焊剂外，通常还可按制造方法、化学成分、化学性质、颗粒结构等分类。

（1）按制造方法分类。

按制造方法可分为熔炼焊剂和非熔炼焊剂（包括烧结焊剂和焊剂）两大类。由于熔炼焊剂埋弧焊焊剂成分均匀、颗粒强度高、吸水性强、易储存，因此它是国内应用最多的焊剂，例如 HJ431。

①熔炼焊剂是按配方比例秤出所需原料，经干混均匀后进行熔化，随后注入冷水中或激冷板上使之粒化，再经干燥、捣碎、过筛等工序而成。熔炼焊剂按其颗粒结构又可分为玻璃状焊剂（呈透明状颗粒）、结晶状焊剂（颗粒具有结晶体特点）和浮石状焊剂（颗粒呈泡沫状）。

②烧结焊剂是将各种粉料组分按配方比例混合搅拌均匀，加水玻璃调成湿料，在 750 ~ 1 000℃温度下烧结，再经破碎、过筛而成。

③焊剂是将各种粉料组分按配方比例混合搅拌均匀，加水玻璃调成湿料，将湿料制成一定尺寸的颗粒，经 350 ~ 500℃温度烘干即可使用。

（2）按化学成分分类。

①按碱度分为碱性焊剂、酸性焊剂和中性焊剂。

②按主要成分含量分类如表 5 - 2 - 1 所示。

表 5 - 2 - 1　焊剂按主要成分含量分类

按 SiO_2 含量		按 MnO 含量		按 CaF_2 含量	
焊剂类型	含量/%	焊剂类型	含量/%	焊剂类型	含量/%
高硅	>30	高锰	>20	高氟	>20
中硅	≥10 ~ 30	中锰	>15 ~ 30	中氟	≥10 ~ 30
底硅	<10	低锰	≥2 ~ 15	低氟	<10
—	—	无锰	<2	—	—

二、埋弧焊焊接参数

埋弧焊焊接的参数主要是焊接电流、电弧电压和根据工件厚度和埋弧焊工艺特点等因素进行选择焊接速度等。

1. 焊接电流

焊接电流决定了焊丝的熔化速度和焊缝的熔深。当焊接电流增大时，焊丝熔化速度增加，焊缝的熔深显著增大。焊丝直径与适应的电流范围如表 5 - 2 - 2 所示。

表 5 - 2 - 2 焊丝直径与适应的电流范围

焊丝直径/mm	2	3	4	5	6
电流密度/（A·mm⁻²）	63 ~ 125	50 ~ 85	40 ~ 63	35 ~ 50	28 ~ 42
焊接电流/A	200 ~ 400	350 ~ 600	500 ~ 800	700 ~ 1 000	800 ~ 1 200

其他条件不变时，作平面堆焊，焊接电流对焊缝形状及尺寸的影响如图 5 - 1 - 2 所示。熔深 s 几乎与焊接电流成正比，即

$$s = K_m I$$

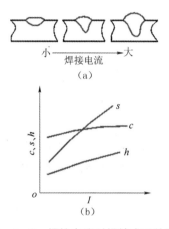

图 5 - 2 - 2　焊接电流对焊缝成形的影响

（a）焊缝截面的形态图；（b）焊接电流与焊缝的关系图

c—熔宽；s—熔深；h—余高

K_m 为熔深系数，它随电流种类、极性、焊丝直径以及焊剂化学成分而异。对 2 mm 和 5 mm 焊丝实测的 K_m 值分别为 1.0 ~ 1.7 和 0.7 ~ 1.3，这些数据可作为按熔深要求初步估算焊接电流的出发点。其余条件相同时，减小焊丝直径，可使熔深增加而缝宽减小。为了获得合理的焊缝成形，通常在提高焊接电流的同时，相应地也提高电弧电压。

2. 电弧电压

在其他条件不变的情况下，电弧电压对焊缝形状及尺寸的影响如图 5 - 2 - 3 所示。电弧电压与电弧长度有正比关系，埋弧焊接过程中为了电弧燃烧稳定总要求保持一定的电弧长度，若弧长比稳定的弧长偏短，意味着电弧电压相对于焊接电流偏低，这时焊缝变窄而余高增加；若弧长过长，即电弧电压偏高这时电弧出现不稳定，缝宽变大，余高变小，甚至出现咬边。

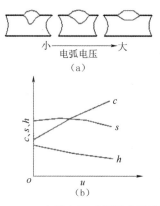

图 5 - 2 - 3　电弧电压对焊缝成形的影响

（a）焊缝截面的形态图；（b）电弧电压与焊缝的关系

3. 焊接速度

在其他条件不变的情况下，焊接速度对焊缝形状及尺寸的影响如图 5 - 2 - 4 所示。提高焊接速度则单位长度焊缝上输入热量减小，加入的填充金属量也减少，于是熔深减小、余高降低和焊道变窄。过快的焊接速度减弱了填充金属与母材之间的熔合并加剧咬边、电弧偏吹、气孔和焊道形状不规则的倾向。较慢的焊速使气体有足够时间从正在凝固的熔化金属中逸出，从而减少气孔倾向。但过低的焊速又会形成易裂的凹形焊道，在电弧周围流动着大的熔池，引起焊道波纹粗糙和夹渣。

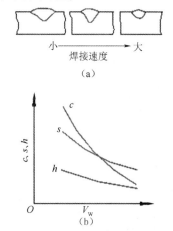

图 5 - 2 - 4　焊接速度对焊缝成形的影响

（a）焊缝截面的形态图；（b）焊缝形状与焊接速度的关系图

实际生产中为了提高生产率，在提高焊接速度的同时必须加大电弧的功率（即同时加大焊接电流和电弧电压保持恒定的热输入量），才能保证稳定的熔深和熔宽。

4. 焊丝倾角

通常认为焊丝垂直水平面的焊接为正常状态，若焊丝在前进方向上偏离垂线，如产生前倾或后倾，其焊缝形状是不同的，后倾焊熔深减小，熔宽增加，余高减少，前倾恰相反，如图 5 - 2 - 5 所示。

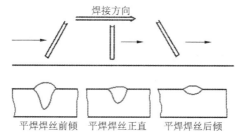

平焊焊丝前倾　　平焊焊丝正直　　平焊焊丝后倾

图 5 - 2 - 5　焊丝倾角对焊缝形状及尺寸的影响

5. 焊件倾斜角度

焊件与水平面的倾斜度 β 称为焊件倾斜角。当焊件倾斜时，使焊接方向有下坡焊和上坡焊之分，合理的倾角为 6°~8°。β 角对焊缝成形的影响如图 5 - 2 - 6 所示。

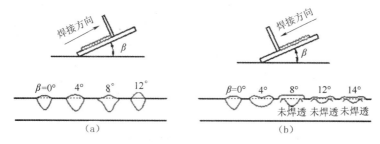

图 5 - 2 - 6　焊件倾角对焊缝成形的影响

（a）上坡焊；（b）下坡焊

6. 结构因素

结构因素主要指接头形式、坡口形状、装配间隙和工件厚度等对焊缝形状和尺寸的影响。表 5 - 2 - 3 所示为其他焊接条件相同情况下坡口形状和装配间隙对接接头焊缝形状的影响。

表 5 - 2 - 3　接头的坡口形状与装配间隙对焊缝形状的影响

坡口名称	表面堆焊	I 形坡口			V 形坡口	
结构状况	平面	无间隙	小间隙	大间隙	小坡口角	大坡口角
焊缝形状						

7. 焊丝伸出长度

焊丝伸出长度是从导电嘴端算起的。若伸出导电嘴外的焊丝长度太长，则电阻增加，焊丝熔化速度加快，使焊缝余高增加。反之，若伸出长度短，则可能烧坏导电嘴。在细焊丝时，其伸出长度 L_a 与焊丝直径 d 的关系按下式计算

$$L_a = (6 \sim 10) d$$

8. 焊剂层厚度

焊剂层太薄会出现电弧外露，失去保护作用，易形成气孔、裂纹等缺陷，而且熔深变浅；焊剂层太厚会出现熔深过深、焊道变窄、余高加大等现象。

9. 埋弧焊焊接参数的选择原则和方法

埋弧焊选择焊接参数的原则是应保证电弧稳定燃烧，保证焊缝良好的成形及形状尺寸符合要求；焊缝内部无气孔、裂纹、夹渣、未焊透等缺陷；焊缝及接头性能满足技术要求。为此应合理地选择热输入，并充分考虑到焊缝成形系数和熔合比的影响。在保证质量的前提下，力求较高的生产率，消耗较低的电能和焊接材料。

常用下列方法选择和确定焊接参数：

（1）试验法在与焊件材质相同的试板上试焊，以确定焊接参数。

（2）经验法根据积累的经验初步确定焊接参数，然后在生产中修正。此法较为普遍。

（3）查表法查阅类似焊件的焊接参数，以此为依据，并在施焊中修正。

五、埋弧焊操作技术

1. 焊前准备

埋弧焊在焊接前必须做好准备工作，包括焊件的坡口加工、待焊部位的表面清理、焊件的装配以及焊丝表面的清理、焊剂的烘干等。

（1）下料、坡口加工。下料、坡口加工要求较严，以保证组装间隙均匀。对 20 mm 以上工件可双面焊或开坡口单面焊。坡口加工要求按 GB 986—1988 执行，以保证焊缝根部不出现未焊透或夹渣，并减少填充金属量。坡口的加工可使用刨边机、机械化或半机械化气割机、碳弧气刨等方法。

（2）焊件表面清理。待焊接部位的清理主要是去除锈蚀、油污及水分，防止气孔的产生。一般用喷砂、喷丸方法或手工清除，必要时用火焰烘烤待焊部位。在焊前应将坡口及坡口两侧各 20 mm 区域内及待焊部位的表面铁锈、氧化皮、油污等清理干净。

（3）焊件的装配。在装配焊件时要保证间隙均匀高低平整、错边量小，定位焊缝长度一般大于 30 mm，并且定位焊缝质量与主焊缝质量要求一致，必要时采用专用工装、卡具装配。对于直缝焊件的装配焊，在焊缝两端加装引弧板和收弧板，如图 5 - 2 - 7 所示，待焊后再割掉，其目的是使焊接接头的始端和末端获得符合尺寸的焊缝截面，而且还可除去引弧和收尾容易出现的缺陷。

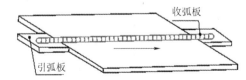

图 5 - 2 - 7　直缝焊件装配焊时加装引弧板和收弧板示意图

为保持焊缝成形和防止烧穿，焊接时要用焊剂垫和垫板，如图 5 - 2 - 8 所示。

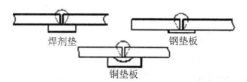

图 5 - 2 - 8　埋弧焊装配焊时加装焊剂垫和垫板示意图

（4）焊接材料的清理。埋弧焊用的焊丝和焊剂对焊缝金属的成分、组织和性能影响极大。因此，焊接前必须清除焊丝表面的氧化皮、铁锈及油污等。焊剂保存时要注意防潮，使用前必须按规定的温度烘干待用。

2. 焊接

1）对接直焊缝焊接技术

对接直焊缝的焊接方法有两种基本类型，即单面焊和双面焊。根据钢板厚度又可分为单层焊、多层焊，又有各种衬垫法和无衬垫法。

（1）焊剂垫法埋弧自动焊。在焊接对接焊缝时，为了防止熔渣和熔池金属的泄漏，采用焊剂垫作为衬垫进行焊接。焊剂垫的焊剂与焊接用的焊剂相同。焊剂要与焊件背面贴紧，能够承受一定的均匀托力。要选用较大的焊接规范，使工件熔透，以达到双面成形。

（2）手工焊封底埋弧自动焊。对无法使用衬垫的焊缝，可先用手工焊进行封底，然后再采用埋弧焊。

（3）悬空焊。悬空焊一般用于无坡口、无间隙的对接焊，它不用任何衬垫，装配间隙要求非常严格。为了保证焊透，正面焊时要焊透工件厚度的 40% ～50%，背面焊时必须保证焊透 60% ～70%。在实际操作中一般很难测出熔深，经常是靠焊接时观察熔池背面颜色来估计，所以要有一定的经验。

（4）多层埋弧焊。对于较厚钢板，一次不能焊完的，可采用多层焊。第一层焊时，焊接电流、电弧电压、焊接速度、焊丝伸出长度等焊接工艺参数不要太大，既要保证焊透，又要避免裂纹等缺陷。每层焊缝的接头要错开，不可重叠。

2）对接环焊缝焊接技术

对于焊接大直径圆形筒体外圆对接环缝的埋弧焊，要采用带有调速装置的滚轮架，焊丝应偏移中心线上坡焊位置上；如果焊接筒体内环焊缝，则将焊接小车固定在悬臂架上，伸到筒体内焊下平位焊，焊丝应偏移中心线下坡焊位置上，如图 5 - 2 - 9 所示。如果需要双面焊，则第一遍将焊剂垫放在筒体外壁焊缝处；第二遍正面焊接时，在筒体外上平位焊处进行施焊。

3）角接焊缝焊接技术

埋弧自动焊的角接焊缝主要出现在 T 形接头和搭接接头中，一般可采取船形焊和斜角焊两种形式。

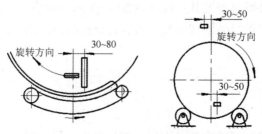

图 5 - 2 - 9　大直径圆形筒体的对接环缝焊接时焊件安装滚轮架上的示意图

4）埋弧半自动焊

埋弧半自动焊主要是软管自动焊，其特点是采用较细直径（2 mm或2 mm以下）的焊丝，焊丝通过弯曲的软管送入熔池。电弧的移动是靠手工来完成，而焊丝的送进是自动的。半自动焊可以代替自动焊焊接一些弯曲和较短的焊缝，主要应用于角焊缝，也可用于对接焊缝。

工艺分析

由于焊件太大，不易翻转或其他原因不能在船形焊位置上进行焊接，才采用平角焊即焊丝倾斜。平角焊的优点是对焊件装配间隙敏感性较小，即使间隙较大，一般也不会产生金属溢流等现象；其缺点是单道焊缝的焊脚最大不能超过8 mm。当焊脚要求大于8 mm时，必须采用多道焊或多层多道焊。角焊缝的成形与焊丝和焊件的相对位置关系很大，当焊丝位置不当时，易产生咬边、焊偏或未熔合等现象，因此焊丝位置要严格控制，一般焊丝与水平板的夹角α应保持在45°～75°，通常为60°～70°，并选择距垂直面适当的距离。电弧电压不宜太高，这样可使焊剂的熔化量减少，防止熔渣溢流。平角焊的焊接形式如图5-2-10所示。

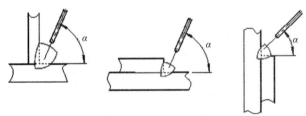

图5-2-10　平角焊焊接角度示意图

【任务实施】

一、焊前准备

准备埋弧焊机MZ-1000，Q235B钢板（550 mm×150 mm×14 mm，两块试件）。Q235B钢板（100mm×60 mm×14 mm，两块引弧板和收弧板）、H08Mn2SiA焊丝（4.0 mm）、焊剂431（2 kg）、焊剂垫、焊剂烘干箱、台虎钳、焊缝测量尺、钢直尺（≥300 mm）、角磨机、锤子、锉刀、钢丝刷、劳保用品。

焊前清理干净焊件坡口面及其正反两侧20～30 mm范围内的油、铁锈及其他污物，直至露出金属光泽，并将焊缝处修理平整。最后对试板的清洁度、试板的尺寸进行检查（按图样及技术要求）。

二、焊接步骤

焊接基本操作步骤：试件准备（下料、坡口加工、焊前清理）→焊接设备检查调试→

试件装配定位焊→正面焊接→反面焊接→外观自检→清理焊件、整理操作现场。

1. 焊接设备检查调试

（1）检查埋弧焊机的运行情况。

（2）装上焊丝盘，试验焊丝出丝是否顺畅。

（3）安装调整好焊剂斗，注意查看送剂扳把开关装置是否有效。

（4）调节小车，试验检查是否行走正常。

（5）在试验电流的工件上调整好焊接参数（电流、电压、焊接速度、焊丝伸出长度、角度等）。

注意：埋弧自动焊焊接质量在很大程度上取决于焊接设备，因此，焊前一定要重视对焊接设备的调试工作。

2. 装配间隙及定位焊

（1）按图要求，划装配线，工件的根部装配间隙为 1 ~ 1.5 mm。

（2）在焊件两端加装引弧板和引出板。

（3）先在试板两端进行定位焊，定位焊缝长 10 ~ 15 mm；后在试板两端焊引弧板、引出板，引弧板与引出板的尺寸为 100 mm × 60 mm × 14 mm，如图 5 - 2 - 11 所示。焊后对装配位置和定位焊质量进行检查。

3. 焊接工艺参数的确定

平角焊焊接工艺卡如表 5 - 2 - 4 所示。

表 5 - 2 - 4　平角焊焊接工艺卡

焊接方法	埋弧焊		
工件材料、规格	Q235B，550 mm × 150 mm × 12 mm，550 mm × 100 mm × 12 mm		
焊材牌号、规格	H08Mn2SiA 焊丝		
焊接接头	对接		
焊接位置	平角焊		
坡口形式	I 形		
坡口角度	—		
钝边	—		
组对间隙/mm	0 ~ 1		
焊后热处理			焊接工艺流程
种类	—	层间范围	—	1. 试件准备（下料、开坡口、焊前清理）
加热方式	—	保温时间	—	2. 试件装配、定位焊
温度范围	—	测量方法	—	3. 焊接工艺参数选择及调试

焊接参数					4. 焊接
焊层（道）	焊材直径/mm	焊接电流/A	电弧电压/V	焊接速度/(mm·min⁻¹)	5. 清理试件，整理现场
1	4	700~750	36~39	25~30	
2	4	650~700			

4. 焊接

1）安放焊件

使用的焊剂为 HJ431。先在焊缝起焊处和收尾处堆放足够的焊剂。在焊接过程中，应保证焊件正面贴紧焊剂，防止焊件因变形而与焊剂脱离后产生焊接缺陷。

2）焊丝对中检查

调节焊机机头，使焊丝伸出端处于焊件坡口的中心线上。松开焊接小车离合器，往返拉动焊接小车，使焊丝始终处于整条焊缝的中心线上；若有偏离，应调整焊机机头或焊件的位置。焊丝与立板的夹角 α 应保持在 $10° \sim 45°$ 范围内（一般为 $20° \sim 30°$），如图 5-2-12 所示。

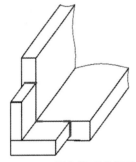

图 5-2-11 平角焊定位焊示意图

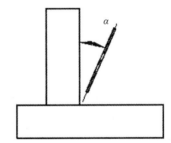

图 5-2-12 平角焊时焊丝的角度

3）引弧

将小车推至引弧板端，锁紧小车行走离合器；接通焊接设备电源，按动控制盘上的"送丝"按钮，使焊丝与引弧板可靠接触；给送焊剂，让焊剂覆盖住焊丝伸出部分的起焊部位。在空载状态下调节焊接参数，达到要求值。按下启动开关，引燃电弧。

4）焊接

引弧后，便开始焊接。焊接过程中应注意观察焊接电流表与电压表的读数是否与选定参数相符；如不相符，应及时调整到规定值。同时要注意焊剂的覆盖情况，要求焊剂在焊接过程中必须覆盖均匀，不应过厚，也不应过薄而露出弧光。小车走速应均匀，注意防止电缆缠绕而阻碍小车的行走。

5）收弧

焊接过程进行到熔池全部到达引出板后，分两步收弧：第一步，先关闭焊剂漏斗，再按下一半"停止"按钮，使焊丝停止送进，小车停止前进，但电弧仍在燃烧，以使焊丝继续熔化来填满弧坑；第二步，估计弧坑将要填满时，全部按下"停止"按钮，电弧完全熄灭，结束焊接。

6）清渣

松开小车离合器，将小车推离焊件；回收焊剂，清除渣壳，并检查焊缝外观质量。

5. 第二条焊缝焊接

用同样的方法完成另一条焊缝的焊接。

焊缝金属表面的缺陷及防止措施如表5-2-5所示。

表5-2-5　焊缝金属表面的缺陷及防止措施

缺陷名称	产生原因	防止措施
咬边	焊接速度太快	减小焊接速度
	衬垫不合适	使衬垫和母材贴紧
	电流、电压不合适	调整电流、电压为适当值
	电极位置不当（平角焊场合）	调整电极位置
焊瘤	电流过大	降低电流
	焊接速度过慢	加快焊接速度
	电压太低	提高电压
余高过大	电流过大	降低电流
	电压过低	提高电压
	焊接速度太慢	提高焊接速度
	采用衬垫时，所留间隙不足	加大间隙
	被焊物件没有置于水平位置	被焊物件置于水平位置
余高过窄	焊剂的散布宽度过窄	焊剂散布宽度加大
	电压过低	提高电压
	焊接速度过快	降低焊接速度
焊道表面不光滑	焊剂的散布高度过大	调整散布高度
	焊剂粒度选择不当	选择适当电流
表面压坑	在坡口面有铁锈、油、水垢等	清理坡口面
	焊剂吸潮	150~300℃，烘干1h
	焊剂散布高度过大	调整焊剂堆敷高度
"人"字形压痕	坡口面有铁锈、油、水垢等	清理坡口面
	焊剂的吸潮（烧结型）	150~300℃，烘干1h

三、焊后清理

（1）焊接完成后，关闭焊接电源。

（2）将焊缝表面及其两侧的飞溅物清理干净。

（3）按"6S"现场管理规定清理操作现场，做好使用记录。

⬡ 考核评价

试件质量评分表见附录。

焊接工匠故事：

王多明：焊花飞溅中绽放壮丽人生

王多明，男，中共党员，曾获得全国劳动模范、全国技术能手、中国核工业集团公司技术能手、甘肃陇原技能大奖、甘肃省技术能手等荣誉称号，获批成立国家技能大师工作室，享受国务院政府特殊津贴。2016年，王多明荣获中华技能大奖。

30多年来，王多明扎根戈壁、坚守一线、苦练技艺、精益求精、刻苦钻研，解决了多项关键性技术问题；带领团队，积极大胆进行技术攻关，多项成果获得各级表彰奖励，为国防工业领域高精尖人才储备做出了突出贡献。

技术革新当先锋

经过多年努力，王多明攻克了某生产线核心部件的钎焊技术，为中国核工业集团公司对稀有金属特殊工艺焊接技术的掌握做出了突出贡献，填补了中国核工业钎焊技术的空白。钎焊技术是某生产线技术的瓶颈。为了打破技术壁垒，勤思考、爱钻研的王多明克服外语水平不高、技术资料缺乏等一系列困难和障碍，在加班加点工作之余，利用点滴时间搜集资料，查阅文献，依靠坚强的毅力和过硬的功底，经过不断摸索，反复试验，极大改善了钎焊条件，熟练掌握了装配间隙，钎料的填加方式、用量及高频感应加热器的电流加热梯度，自行编制了钎焊工艺规程，设计了专用的工装，实现了企业完全自主掌握焊接技术。

攻坚克难挑重担

王多明发扬"特别能吃苦、特别能攻关、特别能奉献"的劳模精神，潜心研究，多次调整某核心设备焊缝对接处坡口角度，选用合适的填充材料，并采用垫板工艺和多层多道焊技术，摸索出了最佳的焊接工艺参数。经过射线探伤Ⅰ级片合格率达到100%。通过焊接工艺的固化，形成了企业某材料焊接指导规程。2009年撰写的相关论文被《焊接杂志》刊载。

辛勤耕耘创效益

多年来，王多明辛勤耕耘，为企业创造了巨大的经济效益。仅焊接两项技术的应用和推广，就为企业节约生产成本110余万元，产生经济效益1 000余万元。王多明带领团队为企业创新改革提出合理化建议累计120多项；完成科研技改项目21项；专用工装夹具30多套；创新成果5项；编写QC活动报告17篇；申请国家发明专利4项。王多明团队的创新改革为公司降低生产成本 45 余万元，创造经济价值 170 余万元。王多明带领团队撰写的《某焊接工艺优化》QC 报告，节约生产成本 12 余万元，每年产生的经济效益在 420 余万元。

转载自《中国电力企业管理》2017. 2

附录 实训操作评分标准细化说明

（1）实操配分由焊接工艺及焊前准备15%，焊接操作75%及安全文明生产10%组成。现将焊接操作75%再细化为：焊缝外观45%，X射线检测30%（或角焊缝折断试验30%）。

（2）为实训考核环节清晰，对每个考核项目的考核要求细化评分标准（见各类评分表）。

（3）现把焊前准备及安全文明生产整合成一个单独表格；X射线检测也是一个单独表格；对接缝的外观由不同焊接方法分别设置多个表格；角焊缝的外观与折断试验合并为一个表格形成评分表。

（4）角焊缝（T形焊缝）的实操成绩由《焊接工艺卡、焊前准备及安全评分表》25分、《角焊缝外观与破坏试验评分表》75分组成，合计100分。

（5）对接缝的实操成绩由《焊接工艺卡、焊前准备及安全评分表》25分、《焊缝外观评分表》45分、《X射线检测评分表》30分组成，合计100分。

附表1 焊接实训焊前准备及安全评分标准

考核项目		考核要求	配分/分	评分标准	实际得分/分
焊接工艺		根据施焊材料及所用设备特点正确填写焊接工艺参数表	6	一个参数不合理扣1分	
焊前准备	工具工装使用	常用工具的合理使用与保养	3	未达标要求扣3分	
		正确使用夹具、做好保养工作	2	一项不符合扣1分	
	设备使用与维护	正确使用和维护保养焊接设备及常见故障排除	3	未达标要求扣3分	
		正确使用和维护保养辅助设备及常见故障排除	2	一项不符合扣1分	
	试件焊前清理及组对装配	坡口内及正反两侧20 mm范围内无油污、铁锈等污物，打磨至露出金属光泽	2	未达标要求扣2分	
		试件组对装配（装配间隙、钝边、定位焊长度）、焊接参数调整	2	未达标要求扣2分	
		试板反变形预处理	1	未做反变形预处理扣1分	

考核项目	考核要求	配分/分	评分标准	实际得分/分
安全文明生产	执行焊接安全技术操作规程	6	未达标要求扣6分	
	按企业有关文明生产规定，工作场地整洁、工具摆放整齐	4	一项不符合扣2分	

附表2 试件 X 射线检测评分标准

项目	拍片数量	评定范围	得分	配分说明
板对接	1	焊缝两端各去除20 mm		1. 一级片无缺陷10分。 （1）评定区内有缺陷最多扣至10分； （2）评定区外的缺陷，按点数每点扣0.5分，最多扣至9分。 2. 二级片基本分7分。评定区外缺陷按表内缺陷性质扣分，最多扣至4分。 3. 三级片得0分。 4. 同一试件有多张底片的，无三级片，按拍片数量取平均值。有一张三级片，此件为0分
管对接	根据管直径确定	焊缝全长		
缺陷性质	缺陷尺寸	扣分标准		
圆形缺陷	尺寸≤0.5 mm	每点扣0.2分		
	尺寸大于0.5~1 mm	每点扣0.5分，大于1 mm的圆形缺陷，按标准折算		
条形缺陷	条形缺陷	长度每1 mm扣0.2分		

附表3 板对接焊缝外观评分标准

项目：板对接（焊条电弧焊、熔化极气体保护焊）

序号	训练内容		评判等级				测评数据	实得分数
			Ⅰ	Ⅱ	Ⅲ	Ⅳ		
1	焊缝余高	尺寸标准/mm	0~1	>1~2	>2~3	<0，>3		
		得分标准/分	8	6.4	4.8	2.4		
2	焊缝高度差	尺寸标准/mm	≤1	>1~2	>2~3	>3		
		得分标准/分	8	6.4	4.8	2.4		
3	焊缝宽度	尺寸标准/mm	17~19	16~20	15~21	<15，>21		
		得分标准/分	6	4.8	3.6	1.8		
4	焊缝宽度差	尺寸标准/mm	≤1	>1~2	>2~3	>3		
		得分标准/分	8	6.4	4.8	2.4		

序号	训练内容		评判等级				测评数据	实得分数
			I	II	III	IV		
5	咬边	尺寸标准/mm	无咬边	深度≤0.5 每5 mm 扣1分；最多扣至2.4分		深度>0.5，2.4分		
		得分标准/分	8					
6	正面成形	标准	优	良	中	差		
		得分标准/分	8	6.4	4.8	2.4		
7	背面成形	标准	优	良	中	差		
		得分标准/分	6	4.8	3.6	1.8		
8	背面凹	尺寸标准/mm	0～1	>1～1.5	>1.5～2	>2		
		得分标准/分	6	4.8	3.6	1.8		
9	背面凸	尺寸标准/mm	0～1	>1～2	>2～3	>3		
		得分标准/分	6	4.8	3.6	1.8		
10	角变形	尺寸标准/mm	0	0～1	1～2	>2		
		得分标准/分	6	4.8	3.6	1.8		
11			焊缝正反两面有裂纹、未焊透等缺陷或出现焊件修补、未完成，该项做0分处理					

	焊缝（正背面）外观评判标准			
	优	良	中	差
12	成形美观，焊缝均匀、细密，高低宽窄一致	成形较好，焊缝均匀、平整	成形尚可，焊缝平直	焊缝弯曲，高低、宽窄明显

序号	考核内容		评判等级				测评数据	实得分数
			I	II	III	IV		
1	焊脚尺寸 K_1	尺寸标准/mm	8～9	7～10	6～11	<6，>11		
		得分标准/分	8	6.4	4.8	2.4		
2	焊脚 K_1 尺寸差	尺寸标准/mm	≤1	>1～2	>2～3	>3		
		得分标准/分	8	6.4	4.8	2.4		
3	焊脚尺寸 K_2	尺寸标准/mm	8～9	7～10	6～11	<6，>11		
		得分标准/分	8	6.4	4.8	2.4		
4	焊脚 K_2 尺寸差	尺寸标准/mm	≤2	>2	>3	>4		
		得分标准/分	8	6.4	4.8	2.4		
5	咬边	尺寸标准/mm	无咬边	深度≤0.5 每5mm扣2分；最多扣至3分		深度>0.5，3分		
		得分标准/分	10分					
6	焊缝凹度	标准	≤1.5	>1.5	>2	>3		
		得分标准/分	8	6.4	4.8	2.4		
7	焊缝凸度	标准	≤1.5	>1.5	>2	>3		
		得分标准/分	8	6.4	4.8	2.4		
8	接头	尺寸标准/mm	平整	超高、脱节				
		得分标准/分	6	有1处扣2分；有2处扣4分；有3处及以上得1.8分				
9	角变形	尺寸标准/mm	0	0～1	1～2	>2		
		得分标准/分	6	4.8	3.6	1.8		

焊缝外观成形评判标准			
优	良	中	差
10　成形美观，焊缝均匀、细密，高低、宽窄一致	成形较好，焊缝均匀、平整	成形尚可，焊缝平直	焊缝弯曲，高低、宽窄明显

项目：管对接（焊条电弧焊、熔化极气体保护焊）

序号	训练内容		评判等级				测评数据	实得分数/分
			I	II	III	IV		
1	焊缝余高	尺寸标准/mm	0～1	>1～2	>2～3	<0，>3		
		得分标准/分	8	6.4	4.8	2.4		
2	焊缝高度差	尺寸标准/mm	≤1	>1～2	>2～3	>3		
		得分标准/分	8	6.4	4.8	2.4		
3	焊缝宽度	尺寸标准/mm	15～17	14～18	13～19	<13，>20		
		得分标准/分	6	4.8	3.6	1.8		
4	焊缝宽度差	尺寸标准/mm	≤1	>1～2	>2～3	>3		
		得分标准/分	8	6.4	4.8	2.4		
5	咬边	尺寸标准/mm	无咬边	深度≤0.5每5mm扣1分；最多扣至2.4分		深度>0.5，2.4分		
		得分标准/分	8分					
6	正面成形	标准	优	良	中	差		
		得分标准/mm	8	6.4	4.8	2.4		
7	背面成形	标准	优	良	中	差		
		得分标准/分	6	4.8	3.6	1.8		
8	背面凹	尺寸标准/mm	0～1	>1～1.5	>1.5～2	>2		
		得分标准/分	6	4.8	3.6	1.8		
9	背面凸	尺寸标准/分	0～1	>1～2	>2～3	>3		
		得分标准/分	6	4.8	3.6	1.8		
10	角变形	尺寸标准/mm	0	0～1	1～2	>2		
		得分标准/mm	6	4.8	3.6	1.8		
焊缝外观评判标准								
11	优		良		中		差	
	成形美观，焊缝均匀、细密，高低、宽窄一致		成形较好，焊缝均匀、平整		成形尚可，焊缝平直		焊缝弯曲，高低、宽窄明显	

备注：焊缝正反两面有裂纹、未焊透等缺陷或出现焊件修补、未完成，该项做0分处理。

参 考 文 献

[1] 雷昌祥. 焊工基本技能实训［M］. 北京：高等教育出版社，2018.
[2] 许志安. 焊接实训［M］. 北京：机械工艺出版社，2017.
[3] 杨跃. 典型焊接接头电弧焊实作［M］. 北京：机械工艺出版社，2019.
[4] 中船舰客教育科技（北京）有限公司. "1＋X"职业技能等级认证培训教材
——特殊焊接技术（基础知识）［M］. 北京：高等教育出版社，2018.
[5] 中船舰客教育科技（北京）有限公司. "1＋X"职业技能等级认证培训教材
——特殊焊接技术（初级、中级）［M］. 北京：高等教育出版社，2020.
[6] 陈祝年. 焊接工程师手册［M］. 北京：机械工艺出版社，2009.